水动力学讲义

钱学森 著

上海交通大学出版社
SHANGHAI JIAO TONG UNIVERSITY PRESS

内容提要

本书是 1958 年钱学森先生在清华大学给第一届力学研究班学员讲授《水动力学》课程用的讲义手稿与学生课堂笔记的结合。钱学森先生选材简赅精切,遴选的内容具有基础性、经典性,且清晰耐读,详略得体,推演细腻,覆盖全面。

本书可供科技人员、教研人员及广大师生研究和学习之用。

图书在版编目(CIP)数据

水动力学讲义/钱学森著. 一上海:上海交通大学出版社,2024.1
(钱学森文集中文著作系列)
ISBN 978 - 7 - 313 - 29964 - 2

Ⅰ. ①水… Ⅱ. ①钱… Ⅲ. ①水动力学—研究 Ⅳ. ①TV131.2

中国国家版本馆 CIP 数据核字(2023)第 241045 号

水动力学讲义
SHUIDONGLIXUE JIANGYI

著　　者:钱学森
出版发行:上海交通大学出版社　　　　　地　　址:上海市番禺路 951 号
邮政编码:200030　　　　　　　　　　　电　　话:021 - 64071208
印　　制:苏州市越洋印刷有限公司　　　经　　销:全国新华书店
开　　本:787 mm×1092 mm　1/16　　印　　张:14.5
字　　数:241 千字
版　　次:2024 年 1 月第 1 版　　　　　印　　次:2024 年 1 月第 1 次印刷
书　　号:ISBN 978 - 7 - 313 - 29964 - 2
定　　价:98.00 元

目　录

手　稿　篇

第一讲　表面波 ·· 3
基本方程式 ·· 3
平面波 ·· 6
在深水中的驻波 ·· 7
进行波 ·· 9

第二讲　表面波(续) ·· 11
另一研究行波的方法 ·· 11
群速度 ·· 12
在有限深度液体中的波 ····································· 13
在空气与水交界面上的波 ································· 15
风力生波的问题 ·· 18

第三讲　波阻 ·· 19
波的能量 ·· 19
能量的转移 ·· 20

波阻 ·· 21

在自由面下的旋 ································ 21

第四讲　水面滑行的平板 ······················ 28

作用在自由面上的力 F ······················ 28

以仰角 α 运行的平板 ························ 30

船舶造波阻力的计算 ·························· 34

第五讲　浅水中的长波 ························ 35

基本方程式 ···································· 35

写成气动力学的形式 ·························· 37

高速气流的水流模型 ·························· 39

特征线解法 ···································· 40

水跃 ·· 42

第六讲　河流水动力学 ························ 46

河道和明渠中的流动 ·························· 46

定常流、合流问题 ···························· 49

洪峰、不定常流 ······························ 52

特征线法 ······································ 54

第七讲　空化 ································ 56

空泡、空蚀现象 ······························ 56

局部的空蚀 ···································· 57

完全的空泡情况 ······························ 58

完全空泡中的平板（任意攻角） ·············· 60

正迎水流的平板 ······························ 63

正迎水的平板（另一推演） ·················· 67

第八讲　非线性自由面及交界面问题 ·········· 70

基本方程式 ···································· 70

自由面问题 ···················· 71

一种转换 ···················· 73

异重流 ···················· 77

水库的异重流问题 ···················· 80

第九讲　泥沙问题 ···················· 86

渠道中泥沙的输移 ···················· 86

悬沙浓度的分布 ···················· 87

浅水情况下的沙涟波长 ···················· 91

注释与说明 ···················· 94

课 堂 笔 记 篇

课堂笔记说明 ···················· 105

引言 ···················· 107

第一讲　表面波 ···················· 109

基本方程 ···················· 109

平面波 ···················· 116

第二讲　表面波（续） ···················· 124

群速度 ···················· 127

在有限深度液体中的波 ···················· 129

空气与水交界面上的波 ···················· 133

第三讲　波阻 ···················· 138

波的能量 ···················· 138

驻波 ···················· 139

进行波 ·· 140

能量的转移 ······································ 141

潜水的旋涡 ······································ 143

作用在旋涡上的力 ································ 150

第四讲　水面滑行的平板 ·························· 153

作用在自由面上一点的力 F 的解 ················ 153

以仰角 α 滑行的平板 ·························· 158

两类问题 ·· 165

吃水深的船，船身窄 ······························ 165

吃水浅的快艇 ···································· 166

第五讲　浅水中的长波 ···························· 167

基本方程式 ······································ 167

写成气动力学的形式 ······························ 171

高速气流的水流模型 ······························ 173

特征线方法 ······································ 174

水跃 ·· 176

第六讲　河道和明渠中的流动 ······················ 182

基本方程 ·· 182

定常流、合流问题 ································ 185

一个简单的不定常流——洪峰 ···················· 189

一般径流计算 ···································· 192

第七讲　空泡、空蚀现象 ·························· 195

局部的空化 ······································ 197

完全的空泡情况 ·································· 198

完全空泡中的平板 ································ 201

第八讲　泥沙问题 ··· 209

　　河道中泥沙的输移问题 ·· 210

　　悬沙浓度的分布 ··· 211

　　浅水（情况下）沙涟波长 ·· 215

结束语 ·· 220

编后记 ·· 222

手稿篇

（1958 年 11 月—1959 年 1 月）

第一讲 表面波

第一讲

基本方程式

我們是研究无粘性液体在外压的短时间作用下的结果：

$$\frac{\partial v_x}{\partial t} + v_x \frac{\partial v_x}{\partial x} + v_y \frac{\partial v_x}{\partial y} + v_z \frac{\partial v_x}{\partial z} = X - \frac{1}{\rho}\frac{\partial p}{\partial x} \qquad X=单位质量体积力$$

$$\frac{\partial v_y}{\partial t} + v_x \frac{\partial v_y}{\partial x} + v_y \frac{\partial v_y}{\partial y} + v_z \frac{\partial v_y}{\partial z} = Y - \frac{1}{\rho}\frac{\partial p}{\partial y}$$

$$\frac{\partial v_z}{\partial t} + v_x \frac{\partial v_z}{\partial x} + v_y \frac{\partial v_z}{\partial y} + v_z \frac{\partial v_z}{\partial z} = Z - \frac{1}{\rho}\frac{\partial p}{\partial z}$$

如果压力作用的时间为 τ，而且在 $t=0$ 的时候 $v_x = v_y = v_z = 0$，

$$v_x + \int_0^\tau \left(v_x \frac{\partial v_x}{\partial x} + v_y \frac{\partial v_x}{\partial y} + v_z \frac{\partial v_x}{\partial z} \right) dt = \int_0^\tau X\, dt - \frac{1}{\rho}\frac{\partial}{\partial x}\int_0^\tau p\, dt$$

但 $\tau \ll 1$，
$$v_x = -\frac{1}{\rho}\frac{\partial}{\partial x}\int_0^\tau p\, dt$$

让
$$\pi = \int_0^\tau p\, dt = \pi(x, y, z) = 冲量$$

$$v_x = -\frac{\partial}{\partial x}\left(\frac{\pi}{\rho}\right), \quad v_y = -\frac{\partial}{\partial y}\left(\frac{\pi}{\rho}\right), \quad v_z = -\frac{\partial}{\partial z}\left(\frac{\pi}{\rho}\right)$$

所以由于压力所产生的运动是无旋的，而且如果让 φ_0

$$\pi = -\rho\varphi_0,$$

那么在压力作用终了的瞬间，流体速度是

$$v_x = \frac{\partial \varphi_0}{\partial x}, \quad v_y = \frac{\partial \varphi_0}{\partial y}, \quad v_z = \frac{\partial \varphi_0}{\partial z}, \quad \vec{v} = grad\, \varphi_0, \quad \varphi_0 = 在\ t=0 \text{ 的速度势}$$

因此以后的运动也是无旋的，$\varphi=$速度势

$$\vec{v} = grad\, \varphi$$

因而由于液体的连续条件

$$\operatorname{div}\vec{v} = \frac{\partial v_x}{\partial x} + \frac{\partial v_y}{\partial y} + \frac{\partial v_z}{\partial z} = 0$$

就有

$$\Delta\varphi = \frac{\partial^2\varphi}{\partial x^2} + \frac{\partial^2\varphi}{\partial y^2} + \frac{\partial^2\varphi}{\partial z^2} = 0$$

——基本微分方程式

我们知道,在无旋的运动中,

$$\frac{p}{\rho} = -\frac{\partial\varphi}{\partial t} - \frac{1}{2}v^2 - V + F(t)$$

其中 V 是势能。如果 Oz 的方向是竖直向上的,那末

$$V = gz$$

而

$$-\frac{\partial V}{\partial x} = 0, \qquad -\frac{\partial V}{\partial y} = 0, \qquad -\frac{\partial V}{\partial z} = -g$$

其实在我们的许多计算里,我们的目的是分析小干扰情况,所以 $\frac{1}{2}v^2$ 可以够忽不计,而且 $F(t)$ 也可以吸收到 φ 中去,所以

$$\frac{p}{\rho} = -\frac{\partial\varphi}{\partial t} - gz$$

——压力关系

现在我们来研究一下边界条件:在不动面上

$$\frac{\partial\varphi}{\partial n} = 0$$

——在不动面上 ——边界条件

我们取平衡位置时候的自由面为 Oxy 平面,在液体自由面上的压力是常数 p_0,因而在自由面上

$$\frac{p_0}{\rho} = -\frac{\partial\varphi}{\partial t} - gz$$

为了简单起见,我们将以 $\varphi + \frac{p_0}{\rho}t$ 来代替 φ,那么压力关系成为

$$\frac{p - p_0}{\rho} = -\frac{\partial\varphi}{\partial t} - gz$$

如果在任意时间 t,自由面的方程是

2

$$z = \zeta(x, y, t)$$

那么因为在自由面上 $p = p_0$，所以 压力关系

$$\left[\frac{\partial \psi(x,y,z,t)}{\partial t}\right]_{z=\zeta(x,y,t)} + g\zeta = 0$$

但是

$$\left[\frac{\partial \psi(x,y,z,t)}{\partial t}\right]_{z=\zeta(x,y,t)} = \frac{\partial \psi(x,y,0,t)}{\partial t} + \zeta \frac{\partial^2 \psi(x,y,0,t)}{\partial t \partial z} + \cdots$$

所以如果响去二次微项不计，那么

$$\frac{\partial \psi(x,y,0,t)}{\partial t} + g\zeta = 0$$

或用微分

$$\boxed{\frac{\partial \zeta}{\partial t} = -\frac{1}{g}\frac{\partial^2 \psi(x,y,0,t)}{\partial t^2}}$$

我们来研究一下，$\frac{\partial \zeta}{\partial t}$ 到底是什么? 我们研究在自由面上一点 $x, y,$ $z = \zeta(x,y,t)$ 的速度，

$$v_x = \frac{\partial \psi}{\partial x}, \quad v_y = \frac{\partial \psi}{\partial y}, \quad v_z = \frac{d\zeta}{dt} = \frac{\partial \zeta}{\partial t} + \frac{\partial \zeta}{\partial x}\frac{dx}{dt} + \frac{\partial \zeta}{\partial y}\frac{dy}{dt} \simeq \frac{\partial \zeta}{\partial t}$$

如果我们研究的是小干扰，$\frac{\partial \zeta}{\partial x}, \frac{\partial \zeta}{\partial y} \ll 1$，因而 $\frac{\partial \zeta}{\partial t}$ 也就是 $v_z = \frac{\partial \psi}{\partial z}$，所以终于

$$\boxed{\frac{\partial \psi}{\partial z} = -\frac{1}{g}\frac{\partial^2 \psi}{\partial t^2}} \qquad z = 0 \qquad \underline{\text{边界条件}}$$

象这样一个不定常运动，我们除了边界条件而外，还需要初始条件; 我们从现象的情况来看，初始条件将在自由面上规定:

令

$$\boxed{\zeta(x,y,0) = h(x,y) = -\frac{1}{g}f(x,y),}$$

那么

$$\boxed{\left[\frac{\partial \psi}{\partial t}\right]_{z=0,\,t=0} = f(x,y)}$$

速度将由作用在自由面上的力起动冲量得来。我们在以前 (当有参 t 的差别，但在 $t=0$，故无差别) $\psi_0 = -\frac{1}{\rho}\pi$，所以

ρ　　　　　3

$$\varphi_0(x,y,0) = -\frac{1}{\rho}\pi(x,y,0) = F(x,y)$$

那么

$$\boxed{\varphi = F(x,y), \qquad \frac{\partial \varphi}{\partial t} = f(x,y)} \qquad z=0, \, t=0$$

这是初始条件.

　　唯一性问题. 如果 φ_1, φ_2 是满足一切条件的两个不同解, $\varphi = \varphi_1 - \varphi_2$ 也将是一个解, 但在 $z=0, \, t=0$

$$\varphi = 0, \qquad \frac{\partial \varphi}{\partial t} = 0$$

所以从现在的情况来看, 没有干扰, 没有运动, 所以 $\varphi = 0$, 也就是 $\varphi_1 = \varphi_2$.

　　但是在很多情况下, 我们要研究的是某个一定频率 σ 的自由谐和振动, 也就是

$$\varphi(x,y,z,t) = \cos(\sigma t + \varepsilon)\,\Phi(x,y,z)$$

那么

$$\boxed{\begin{array}{l} \Delta \Phi = \dfrac{\partial^2 \Phi}{\partial x^2} + \dfrac{\partial^2 \Phi}{\partial y^2} + \dfrac{\partial^2 \Phi}{\partial z^2} \\[2mm] \dfrac{\partial \Phi}{\partial n} = 0, \qquad \text{在不动面上}, \\[2mm] \dfrac{\partial \Phi}{\partial z} = \dfrac{\sigma^2}{g}\Phi, \qquad \text{在自由面 } z=0 \text{ 上}. \end{array}}$$

　　由此, 二类问题, 初始问题和自由谐和振动问题是了以由叠加法而互相转变.

平面波

　　如果我们认为一切都不是 y 的函数, 那么

$$\varphi(x,z,t) = \cos(\sigma t + \varepsilon)\,\Phi(x,\tfrac{z}{1})$$

$$\frac{\partial^2 \Phi}{\partial x^2} + \frac{\partial^2 \Phi}{\partial z^2} = 0$$

4

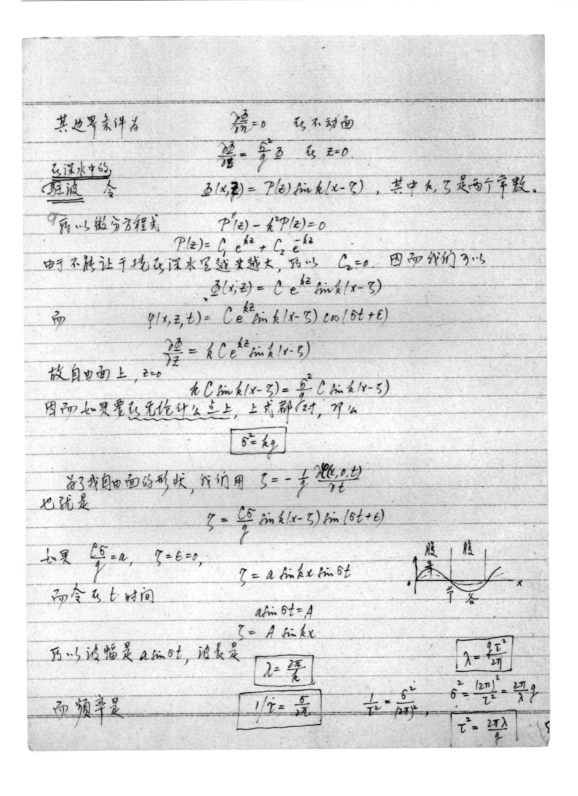

其边界条件为 $\qquad \dfrac{\partial \varphi}{\partial n}=0$ 在不动面

$$\dfrac{\partial \varphi}{\partial z}=\dfrac{\sigma^2}{g}\varphi \quad 在\ z=0$$

在深水中的

驻波 令 $\qquad \varphi(x,z)=P(z)\sin k(x-\zeta)$ ，其中 k,ζ 是两个常数。

所以微分方程式 $\qquad P''(z)-k^2P(z)=0$

$$P(z)=C_1 e^{kz}+C_2 e^{-kz}$$

由于不能让干扰在深水里越来越大，所以 $C_2=0$。因而我们引入

$$\varphi(x,z)=C\,e^{kz}\sin k(x-\zeta)$$

而 $\qquad \varphi(x,z,t)=C\,e^{kz}\sin k(x-\zeta)\cos(\sigma t+\varepsilon)$

$$\dfrac{\partial \varphi}{\partial z}=kC\,e^{kz}\sin k(x-\zeta)$$

放自由面上，$z=0$

$$kC\sin k(x-\zeta)=\dfrac{\sigma^2}{g}C\sin k(x-\zeta)$$

因而如果要在无论什么点上，上式都对，那么

$$\boxed{\sigma^2=kg}$$

为了找自由面的形状，我们用 $\zeta=-\dfrac{1}{g}\dfrac{\partial \varphi(x,0,t)}{\partial t}$

也就是

$$\zeta=\dfrac{C\sigma}{g}\sin k(x-\zeta)\sin(\sigma t+\varepsilon)$$

如果 $\dfrac{C\sigma}{g}=a$，$\zeta=\varepsilon=0$,

$$\zeta=a\sin kx\sin\sigma t$$

而令在 t 时间

$$a\sin\sigma t=A$$
$$\zeta=A\sin kx$$

所以波幅是 $a\sin\sigma t$，波长是 $\boxed{\lambda=\dfrac{2\pi}{k}}$ $\qquad\qquad \boxed{\lambda=\dfrac{g\tau^2}{2\pi}}$

而频率是 $\boxed{1/\tau=\dfrac{\sigma}{2\pi}}$ $\qquad \dfrac{1}{\tau^2}=\dfrac{\sigma^2}{(2\pi)^2},$ $\qquad \sigma^2=\dfrac{(2\pi)^2}{\tau^2}=\dfrac{2\pi}{\lambda}g$

$$\boxed{\tau^2=\dfrac{2\pi\lambda}{g}}$$

由此可见波长和频率或周期是有一定关系的。但与液体的密度或密度无关。与 g 有关！

现在我们来研究液体质点的速度和轨迹：

$$v_x = \frac{\partial \psi}{\partial x} = \frac{agk}{\sigma} e^{kz} \cos kx \cos \sigma t \; ; \quad v_z = \frac{\partial \psi}{\partial z} = \frac{agk}{\sigma} e^{kz} \sin kx \cos \sigma t$$

但是 $gk = \sigma^2$

$$v_x = a\sigma e^{kz} \cos kx \cos \sigma t$$
$$v_z = a\sigma e^{kz} \sin kx \cos \sigma t$$

所以质点轨迹，

$$\frac{dx}{v_x} = \frac{dz}{v_z} ,$$

或

$$\frac{\sin kx}{\cos kx} dx = dz , \qquad \cos kx > 0$$
$$\ln(\cos kx) + kz = 常数$$
$$\cos kx < 0, \quad \cos kx = e^{i\pi} |\cos kx|$$
$$\ln|\cos kx| + i\pi + kz = 常数$$

所以

$$\boxed{\ln|\cos kx| + kz = C}$$

我们也可以用流函数的办法来求：

$$\frac{\partial \psi}{\partial x} = -\frac{\partial \varphi}{\partial z} = -a\sigma e^{kz} \sin kx \cos \sigma t \; ; \quad \frac{\partial \psi}{\partial z} = \frac{\partial \varphi}{\partial x} = a\sigma e^{kz} \cos kx \cos \sigma t$$

$$\therefore \; d\psi = \frac{\partial \psi}{\partial x} dx + \frac{\partial \psi}{\partial z} dz = a\sigma \cos \sigma t \left[-e^{kz} \sin kx \, dx + e^{kz} \cos kx \, dz \right]$$

$$= \frac{a\sigma \cos \sigma t}{k} d\left[e^{kz} \cos kx \right]$$

因而

$$\boxed{\psi = \frac{a\sigma \cos \sigma t}{k} e^{kz} \cos kx}$$

而任意一条流线的方程是

$$\boxed{e^{kz} \cos kx = C'}$$

此
因此流线是可以在 z 向移动的。而且它们也不
这一方法有缺点，不能确定时间常数。

因时间而变动；所以它们是流体质点移动的轨迹。但质点不但沿着流线振动，而且振幅小，所以把它们看作是直线运动。如果 x_0, z_0 是一个质点的平衡位置，那么以小干扰的看法

$$v_x = \frac{dx}{dt}, \qquad v_z = \frac{dz}{dt}$$

$$\frac{dx}{dt} = a\sigma e^{kz_0}\cos kx_0 \cos\sigma t, \qquad \frac{dz}{dt} = a\sigma e^{kz_0}\sin kx_0 \cos\sigma t$$

$$x - x_0 = a e^{kz_0}\cos kx_0 \sin\sigma t, \qquad z - z_0 = a e^{kz_0}\sin kx_0 \sin\sigma t$$

故

$$\boxed{\frac{z - z_0}{x - x_0} = tg\,kx_0}$$

$tg\,kx_0 = 0$

$e^{2\eta} = 535$

$tg\,kx_0 = \infty$

进行波 我们可以选择 $\zeta = \frac{\pi}{2k}$, $\epsilon = \frac{\pi}{2}$,

$$\varphi = C e^{kz}\sin\left(kx - \frac{\pi}{2}\right)\cos\left(\sigma t + \frac{\pi}{2}\right) = C e^{kz}\cos kx \sin\sigma t$$

这个驻波和以前的 $\varphi = C e^{kz}\sin kx \cos\sigma t$

比较，无论 x 或 t 都差异，也把它们两者叠加一起当然仍然是一个解

$$\varphi = C e^{kz}\{\cos kx \sin\sigma t + \sin kx \cos\sigma t\} = C e^{kz}\sin(kx + \sigma t)$$

我们来研究它的自由面

$$\zeta = -\frac{1}{g}\frac{\partial\varphi(x,0,t)}{\partial t} = -\frac{C\sigma}{g}\cos(kx + \sigma t)$$

跟象以前一样，引入记号 $\frac{C\sigma}{g} = a$,

$$\zeta = -a\cos(kx + \sigma t), \qquad \varphi = \frac{a g}{\sigma}e^{kz}\sin(kx + \sigma t)$$

现在波幅不以时间而变了，而波长 λ 仍然是

$$\boxed{\lambda = \frac{2\pi}{k}}$$

7

而位于 x，t 平面的点，如果满足 $kx + \sigma t = $ 常数，ζ 即不变。波速是

$$\boxed{c = \frac{\sigma}{k}}$$

因为 $\sigma^2 = kg$，

故

$$c^2 = \frac{\sigma^2}{k^2} = \frac{g}{k}, \qquad c = \sqrt{\frac{g}{k}} = \sqrt{\frac{g\lambda}{2\pi}} = \frac{\lambda}{t} = \frac{k\lambda}{2\pi}$$

所以波速因波长的不同而有所不同，是波长的平方根。

$$v_x = \frac{\partial x}{\partial t} = a\sigma e^{kz} \cos(kx + \sigma t)$$

$$v_z = \frac{\partial z}{\partial t} = a\sigma e^{kz} \sin(kx + \sigma t)$$

流线在任何一瞬间 t 是

$$\frac{dx}{v_x} = \frac{dz}{v_z}, \qquad \frac{v_z}{v_x} dx = dz, \qquad \frac{\sin(kx+\sigma t)}{\cos(kx+\sigma t)} dx = dz$$

积分得

$$e^{kz}\cos(kx + \sigma t) = 常数。$$

瞬间的流线形状是与驻波相同的，不过现在流线是也随时间而走，因而它并不代表质点运动的轨迹。要求质点运动的轨迹，还是

$$\frac{dx}{dt} = a\sigma e^{kz_0}\cos(kx_0 + \sigma t)$$

$$\frac{dz}{dt} = a\sigma e^{kz_0}\sin(kx_0 + \sigma t)$$

$$(x - x_0) = a e^{kz_0}\sin(kx_0 + \sigma t)$$

$$-(z - z_0) = a e^{kz_0}\cos(kx_0 + \sigma t)$$

所以

$$(x - x_0)^2 + (z - z_0)^2 = a^2 e^{2kz_0}$$

也就是说质点运动的轨迹是以 x_0，z_0 为中心的圆，其半径为 ae^{kz_0}，以深度的增加而急剧减小。又

$$(x - x_0) + i(z - z_0) = a e^{kz_0}\left[\sin(kx_0 + \sigma t) - i\cos(kx_0 + \sigma t)\right]$$

$$= a e^{kz_0}\left[-i^2\sin(kx_0 + \sigma t) - i\cos(kx_0 + \sigma t)\right]$$

$$= -iae^{kz_0}\cdot e^{i(kx_0 + \sigma t)} = -iae^{k(z_0 + ix_0)}\cdot e^{i\sigma t}$$

8

因此质点在小圆上的转动是反时针方向的,而其角也恰是 σ。且为

$$\zeta = -a\cos(kx+\sigma t)$$

所以波峰是在 $kx+\sigma t = (2n+1)\pi$, . 所以在波峰的地方

$$\frac{dx}{dt} = -a\sigma, \qquad \frac{dz}{dt} = 0. \qquad \text{以波的方向运动}$$

在波谷的地方, $kx+\sigma t = 2n\pi$, $\frac{dx}{dt} = a\sigma$, $\frac{dz}{dt} = 0$, 以波的反方向运动。

我们再来计算一下压力,

$$\frac{p-p_0}{\rho} = -\frac{\partial \varphi}{\partial t} - gz = -age^{kz}\cos(kx+\sigma t) - gz$$

因为 $z-z_0$, $x-x_0$, 都是一级小量,而 $z-z_0 = -ae^{kz_0}\cos(kx_0+\sigma t)$, 所以

$$\frac{p-p_0}{\rho} = -age^{kz_0}\cos(kx_0+\sigma t) - g(z-z_0) - gz_0 = -gz_0.$$

这表示说,在运动时,在那些平衡时处于同一水平面 z_0 的质量所组成的曲面上的压力是一个常数,且和平衡时值相同。自由面的质量与其他质量的差别只在 $z_0 = 0$。从这里可见,由 $z=z_0$ 所组成的面都可以作为液体的自由面。

反向运动的波 $\quad \varphi = \frac{a\sigma}{k} e^{kz}\sin(kx-\sigma t)$

一切反向运动。

波长 λ, 米	50	100	5000	500,000
波速 c, 米/秒	8.83	12.50	88.3	883
周期 T, 秒	5.60	8.00	56.0	560

第二讲 表面波

另一研究行波的方法:

我们也可以用另一种方法来研究进行波:让液体以 c 的速度在空间流动,而波面形状不变,速度分布也将不随时间而变,成为一个定常运动。在自由面上压力为 p_0。

$$w = \varphi + i\psi = f(x+iz) = -c(x+iz) + i\alpha c e^{-ik(x+iz)}$$
$$= -c(x+iz) + i\alpha c e^{kz}(\cos kx + i\sin kx)$$

故

$$\varphi = -cx + \alpha c e^{kz}\sin kx, \qquad \psi = -cz + \alpha c e^{kz}\cos kx.$$

9

在每一条流线上 ψ=常数。自由面是 $\psi=0$, $e^{kz}\simeq 1$, 所以自由面

$$z=\alpha \cos kx$$

压力可以用 Bernoulli 方程式来求

$$\frac{p}{\rho}=-gz+\frac{1}{2}v^2+C$$

而 $v^2=(-c+\alpha cke^{kz}\cos kx)^2+(\alpha cke^{kz}\sin kx)^2$

$\simeq c^2-2\alpha c^2ke^{kz}\cos kx$

再用公式 $\alpha ce^{kz}\cos kx=\psi+cz$

我们有 $v^2=c^2-2ck(\psi+cz)=c^2-2ck\psi-2kc^2z$

故

$$\frac{p}{\rho}=-gz+kc^2z+kc\psi-\frac{1}{2}c^2+C$$

$$=(kc^2-g)z+kc\psi+常数$$

流线上 $\psi=0$ 上的压力 p 保持不变, 故 z 的系数一定要是零, 这

$$c^2=\frac{g}{k}=\frac{g\lambda}{2\pi}\qquad ,\qquad \lambda=\frac{2\pi c^2}{g}$$

群速度 我们把两个不同波长的进行波相叠加

$$\psi=\frac{a\sigma}{k}e^{kz}\sin(kx-\sigma t)+\frac{a\sigma}{\sigma'}e^{k'z}\sin(k'x-\sigma't)$$

其中 $\sigma'=\sqrt{gk'}$

在这种情况下, 自由面的形状是

$$\zeta=-\frac{1}{g}\frac{\partial\psi(x,o,t)}{\partial t}=a\left[\cos(kx-\sigma t)+\cos(k'x-\sigma't)\right]$$

$$=2a\cos\left[\frac{k+k'}{2}x-\frac{\sigma+\sigma'}{2}t\right]\cos\left[\frac{k-k'}{2}x-\frac{\sigma-\sigma'}{2}t\right]$$

因此如果 k,k'; σ,σ' 的差别不大, 那么这是一群一群的高频波的前进。波速仍管是 $c=\frac{\sigma+\sigma'}{k+k'}\sim\frac{\sigma}{k}$, 而群速则

10

是
$$\frac{\sigma-\sigma'}{k-k'} = \frac{d\sigma}{dk} = u$$

在这儿 $\sigma = \sqrt{gk}$, $\frac{d\sigma}{dk} = \frac{1}{2}\sqrt{\frac{g}{k}} = \frac{1}{2}\frac{\sigma}{k} = \boxed{\frac{1}{2}c = u}$

这就是说波传播的群速度里比个别波的传播速度小一半。这表示当已定的波1若走了两个波的距离而达到1'的位置时，整个波群还是移动了一个波的距离，因此所研究的波1的振幅就增大了。以后，这波的振幅将继续增大，直到最大值，以后就开始减小，如此类推。因此我们就了看事，在传播时，已己定的波样在波群中沿着 Ox 正轴方向移动。波速以相对于波群传播。

$$k = \frac{2\pi}{\lambda}, \qquad \sigma = kc = \frac{2\pi c}{\lambda}$$

故 $u = \frac{d\sigma}{dk} = \frac{d(\frac{c}{\lambda})}{d(\frac{1}{\lambda})} = \frac{\frac{\lambda dc - cd\lambda}{\lambda^2}}{-\frac{d\lambda}{\lambda^2}} = \boxed{c - \lambda\frac{dc}{d\lambda} = u}$

所以只有当 $dc/d\lambda = 0$ 时 $u = c$.

在有限深度液体中的波   我们还是用以前的解的形式

$$\varphi = \Phi(x,z)\cos(\sigma t + \epsilon)$$
$$\Phi(x,z) = P(z)\sinh(x-\xi)$$

所以 $P(z) = C_1 e^{kz} + C_2 e^{-kz} = K_1 ch\,k(z+h) + K_2 sh\,k(z+h)$
$$= K_1 cth$$

我们知道如果底在 $z = -h$, 那么当 $z = -h$ 的时度
$$\frac{\partial \Phi}{\partial z} = 0$$

显然 $\frac{\partial \Phi}{\partial z} = \left[C_1 k\,sh\,k(z+h) + k K_2 ch\,k(z+h)\right]\sinh(x-\xi)$

11

所以为了满足边界条件 $K_2=0$。故

$$\varphi(x,z,t) = C\,ch\,k(z+h)\,sin\,k(x-\xi)\,cos(\sigma t+\varepsilon)$$

自由面上的条件是 $z=0$

$$\frac{\partial^2\varphi}{\partial z^2} = \frac{\sigma^2}{g}\varphi$$

所以

$$k\,sh\,kh = \frac{\sigma^2}{g}ch\,kh \;; \qquad \boxed{\sigma^2 = g k\,th\,kh}$$

因此

$$\tau = \frac{2\pi}{\sigma} = \frac{2\pi}{\sqrt{g k\,th\,kh}} = \sqrt{\frac{2\pi\lambda}{g\,th\frac{2\pi h}{\lambda}}}$$

而自由面的形状是

$$\zeta = -\frac{1}{g}\frac{\partial\varphi(x,0,t)}{\partial t} = \frac{C\sigma}{g}ch\,kh\,sin\,k(x-\xi)\,sin(\sigma t+\varepsilon)$$

如果我们令

$$\frac{C\sigma}{g}ch\,kh = a$$

那么驻波最后的解的形式就成为

$$\boxed{\begin{array}{l} \varphi = \frac{ag}{\sigma}\dfrac{ch\,k(z+h)}{ch\,kh}\,sin\,k(x-\xi)\,cos(\sigma t+\varepsilon) \\[2mm] \therefore\;\zeta = a\,sin\,k(x-\xi)\,cos(\sigma t+\varepsilon) \end{array}}$$

而进行波的形式是

$$\varphi = \frac{ag}{\sigma}\cdot\frac{ch\,k(z+h)}{ch\,kh}\,sin\,(kx-\sigma t)$$

$$\zeta = -\frac{1}{g}\frac{\partial\varphi(x,0,t)}{\partial t} = a\,sin(kx-\sigma t)$$

所以余弦波的波速是

$$c = \frac{\sigma}{k} = \sqrt{\frac{g\,th\,kh}{k}} = \sqrt{\frac{g}{2\pi}\,th\frac{2\pi h}{\lambda}\cdot\lambda}\;,\; 我们注意谈在的形的是-\sigma(\frac{h}{\lambda})比为定值$$

我们在这里看出来波速又与 g, λ, k 等有关, 与液体的密度. ρ_0 都无关.

当 $h\to\infty$, $th\frac{2\pi h}{\lambda}\to1$, 那么

$$c = \sqrt{\frac{g\lambda}{2\pi}}$$

也就是我们以前所熟知的.

但是当 $h \ll 1$，　　　　$th \frac{2\pi h}{\lambda} \cong \frac{2\pi h}{\lambda}$

那么　　　　　　　　　$c = \sqrt{gh}$

这就是说波速在浅水中只与水深有关，与波长无关！这个简单的关系是很重要的，我们以后还要用它。要求这个关系也很容易，

$$ch = (c + dc)(h + dh)$$

$$g(c+dc)^2(h+dh) - gc^2h = g\frac{c}{2}h^2 - g\frac{c}{2}(h+dh)^2$$

也就是　　　　　　　$0 = cdh + hdc$

$$2chdc + c^2dh = -ghdh \quad \Big\} \quad chdc = -ghdh$$

$$c = -g\frac{dh}{dc} = g\frac{h}{c}$$

$$\therefore \quad \boxed{c = \sqrt{gh}}$$

因为在深水情况下 $c \sim \sqrt{\lambda}$，所以当水深逐渐减小时，长波的传播速度逐渐减小，而短波的速度逐渐增加！

群速：　$U = \frac{d\sigma}{dk} = \frac{d}{dk}\sqrt{gk \, th kh} = \frac{\sqrt{g}}{2\sqrt{k \, th kh}}\Big\{ th kh + \frac{kh}{ch^2 kh}\Big\}$

$$= \frac{1}{2}\sqrt{\frac{g \, th kh}{k}}\Big\{1 + \frac{2kh}{th \cdot 2kh}\Big\} = \frac{1}{2}c\Big(1 + \frac{2kh}{th \cdot 2kh}\Big)$$

因为 $\frac{2kh}{th \cdot 2kh}$ 在 $k = 0$ 时为 1，当 k 逐渐增加时逐渐减小，在 $k \to \infty$ 时为 0，所以群速由深水时的 $\frac{1}{2}c$ 逐渐增到 c。

在空气与水交界面上的波

　　我们来研究在空气与水交界面上的波。我们假设空气不动，其表面的压力为 p_1，其速度势为 φ_1；水本来有一个平行于 x-轴的速度 U，其表面的压力为 p_2，其速度势为 φ_2。如果要研究的是也行波，那么

$$\varphi_1 = C_1 e^{-kz}\sin(kx - \sigma t)$$

$$\varphi_2 = Ux + C_2 e^{kz}\sin(kx - \sigma t)$$

这也就是说如果 $\sigma > 0$，那么波的方向是同 x-轴向相同的。

13

如果我们来计算 ζ，我们必需看到也果空气的密度是 ρ_1，水的密度是 ρ_2，

$$\left(\frac{\partial \psi_1}{\partial z}\right)_{z=0} + \cdots \quad \frac{p_1 - p_0}{\rho_1} = -\left(\frac{\partial \psi_1}{\partial t}\right)_{z=0} - g\zeta$$

$$= + C_1 \sigma \cos(kx - \sigma t) - g\zeta$$

而
$$\frac{p_2 - p_0}{\rho_2} = -\left(\frac{\partial \psi_2}{\partial t}\right)_{z=0} - U\left(\frac{\partial \psi_2}{\partial x}\right)_{z=0} - g\zeta = C_2 \sigma \cos(kx - \sigma t) - U C_2 k \cos(kx - \sigma t) - g\zeta$$

$$= C_2(\sigma - Uk)\cos(kx - \sigma t) - g\zeta$$

所以
$$p_1 - p_0 = C_1 \rho_1 \sigma \cos(kx - \sigma t) - \rho_1 g\zeta$$
$$p_2 - p_0 = C_2 \rho_2 (\sigma - Uk)\cos(kx - \sigma t) - \rho_2 g\zeta$$

于是
$$p_1 - p_2 = \alpha \frac{d^2\zeta}{dx^2}$$

因此
$$\left[C_1\rho_1\sigma - C_2\rho_2(\sigma - Uk)\right]\cos(kx - \sigma t) - (\rho_1 - \rho_2)g\zeta = \alpha \frac{d^2\zeta}{dx^2}$$

但从另一面看，我们知道

$$\left(\frac{\partial \psi_2}{\partial z}\right)_{z=0} = \frac{\partial \zeta}{\partial t} + U\frac{\partial \zeta}{\partial x}$$

我们看到也果要表面张力与引力 作用等重要的地位，那么
$$\frac{\alpha}{\lambda^2} \sim \rho_2 g, \quad \lambda \sim \sqrt{\frac{\alpha}{\rho_2 g}}$$

如果
$$\zeta = a\cos(kx - \sigma t)$$

那么
$$C_1 k = + a\sigma - Uak = a(\sigma - Uk) = C_2 k \qquad C_2 = a\left(\frac{\sigma}{k} - U\right)$$
$$\boxed{a\sigma = C_1 k} \qquad C_1 = -a\left(\frac{\sigma}{k}\right)$$

所以
$$\left[a\frac{\sigma}{k}\rho_1\sigma - a\left(\frac{\sigma}{k} - U\right)\rho_2(\sigma - Uk)\right] - (\rho_1 - \rho_2)ga = -a\alpha k^2, \quad 而 \frac{\sigma}{k} = c$$

因此
$$+ c^2\rho_1 + (c - U)^2\rho_2 + (\rho_1 - \rho_2)g\frac{\lambda}{2\pi} \mp \alpha \frac{2\pi}{\lambda} = 0$$

也就是说
$$(\rho_1 + \rho_2) \cdot (\rho_2 + \rho_1)c^2 - 2U\rho_2 \cdot c + \left[\rho_2 U^2 - (\rho_2 - \rho_1)g\frac{\lambda}{2\pi} - \frac{\alpha 2\pi}{\lambda}\right] = 0$$

14

所以
$$c = \frac{u\rho_2}{\rho_1+\rho_2} \pm \sqrt{\frac{u\rho_2^2}{(\rho_1+\rho_2)^2} + \frac{\rho_2-\rho_1}{\rho_1+\rho_2}g\frac{\lambda}{2\pi} + \frac{\alpha 2\pi}{(\rho_1+\rho_2)\lambda} - \frac{\rho_2 u^2}{\rho_1+\rho_2}}$$

$$\boxed{c = \frac{u\rho_2}{\rho_1+\rho_2} \pm \sqrt{\frac{g\lambda}{2\pi}\left(\frac{\rho_2-\rho_1}{\rho_1+\rho_2}\right) + \frac{2\pi\alpha}{\lambda(\rho_1+\rho_2)} - \frac{\rho_1\rho_2 u^2}{(\rho_1+\rho_2)^2}}}$$

我們看得出来，如果
$$0 < u < \sqrt{\frac{g\lambda}{2\pi}\frac{\rho_2-\rho_1}{\rho_2} + \frac{2\pi\alpha}{\rho_2\lambda}}$$
的时候有一个 c 的值将是負的，也就是说波将逆水向而傳播。

但是更有意义的是，问什么时候（也就是什么 u），不论什么波長都会变成 c 的复数值。我们首先去
$$\frac{g\lambda}{2\pi}\left(\frac{\rho_2-\rho_1}{\rho_2+\rho_1}\right) + \frac{2\pi\alpha}{\lambda(\rho_2+\rho_1)}$$
的最小值。也就是
$$\frac{g}{2\pi}(\rho_2-\rho_1) = \frac{2\pi\alpha}{\lambda_m^2}$$

$$\lambda_m^2 = (2\pi)^2\left[\frac{\alpha}{g(\rho_2-\rho_1)}\right], \qquad \lambda_m = 2\pi\sqrt{\frac{\alpha}{g(\rho_2-\rho_1)}} \simeq 2\pi\sqrt{\frac{\alpha}{g\rho_2}}$$

所以条件是
$$u^2 < \frac{(\rho_1+\rho_2)}{2\pi\rho_1\rho_2}\frac{2g(\rho_2-\rho_1)}{2\pi}2\pi\sqrt{\frac{\alpha}{g(\rho_2-\rho_1)}} = \frac{2}{\rho_1\rho_2}\sqrt{\alpha g(\rho_2-\rho_1)(\rho_2+\rho_1)^2}$$

也就是说
$$u < \sqrt[4]{\frac{4g\alpha(\rho_2-\rho_1)(\rho_1+\rho_2)^2}{\rho_1^2\rho_2^2}} = \sqrt[4]{\frac{4g\alpha\left(1-\frac{\rho_1}{\rho_2}\right)\left(1+\frac{\rho_1}{\rho_2}\right)^2}{\rho_2(\rho_1/\rho_2)^2}}$$

我们具体计孙的（用 $\rho_1/\rho_2 = \frac{1}{770}$, $\alpha = 74$ 达因/厘米）结果是 $u = 6.46$ 米/秒。 $\lambda_m = 1.78$ 厘米

这一个速度的意义：如果 $u > 6.46$ 米/秒 那么总会有一个波長使得 c 为复数。c 为复数的意义就在于
$$c = c_\gamma \pm i c_2$$

那么
$$\cos(kx - \sigma t) = \cos k(x - ct)$$
$$= \cos k(x - c_r t \mp i c_i t)$$
$$= \cos(kx - kc_r t)\cos ikc_i t \pm \sin(kx - kc_r t)\sin ikc_i t$$
$$= \cos(kx - kc_r t)\operatorname{ch} kc_i t \pm i\sin(kx - kc_r t)\operatorname{sh} kc_i t$$

也就是说波动
$$\cos(kx - \sigma t) = \operatorname{Re} e^{i(kx - \sigma t)} = \operatorname{Re} e^{ikx - ikc_r t \mp c_i t}$$
$$= e^{\pm c_i t}\cos k(x - c_r t)$$

也就是说波将随时间而扩大，可以是不稳定的。这也就是说水流速度如果大于 6.46 米/秒，水面将不稳定，交界面将破而成空气和水搅和现象。实验结果必是如此。数值是 6~7米/秒。

这种研究方法是一个比较普遍的方法。流体及气体力学里我们对一种不稳定现象总是用微扰的方法研究一种平衡状态的稳定性，从而得出稳定参数的临界值。

风力生波的问题：

如果我们把上面一个问题的坐标系换一下，让观察者随着水流走，那么对这个观察者来说，水是不动的，而是空气沿着 x-轴的反向运动。一切速度都加上一个 $-u$，而在新座标系里的波速 c 是老座标系的 $c-u$，乃

$$c = (c - u) = -\frac{\rho_1 u}{\rho_1 + \rho_2} + \sqrt{\frac{g\lambda}{2\pi}\cdot\frac{\rho_2 - \rho_1}{\rho_1 + \rho_2} + \frac{2\pi\alpha}{\lambda(\rho_1 + \rho_2)} - \frac{\rho_1\rho_2 u^2}{(\rho_1 + \rho_2)^2}}$$ 〔见 柯钦书，第494页〕

而波稳定的 u 区是
$$0 < u < \sqrt[4]{\frac{4g\alpha(\rho_2 - \rho_1)(\rho_1 + \rho_2)^2}{\rho_1^2\rho_2^2}} = 6.46 \text{ 米/秒}$$

照这么一幅画面，(因为自然的现象不能以人的观察方法而改变)，风也在 6.46 米/秒以上，就能产生波。(七级风)。

但是这样的理论能产生的波，其波长很小 (1.2厘米)，说一池春水被吹皱了是对的，说造成波浪则不对。波浪的形成看来是不能用这样的理论来解释的了。有人提议，波浪的形成是由于空气流在波后的分离，造成非对称的力，因而风了以对水做功。但是这个问题还需要进一步研究才能搞清楚地。

有限幅度的波　如果波幅与波长的比不那么小，那么我们把它而讲过两用的线型理论就说失去它的依据。我们不能用线型理论，必需用非线型理论，这样我们将在第八讲里谈这个问题。

第三讲 波阻

波的能量

我们现在将回到纯粹深度水中的表面波（不改虑张力），我们要研究一下波的运动所含的能量。今波的周期为 λ。

$$v_x = \frac{\partial \varphi}{\partial x}, \quad v_z = \frac{\partial \varphi}{\partial z}, \quad v^2 = \left(\frac{\partial \varphi}{\partial x}\right)^2 + \left(\frac{\partial \varphi}{\partial z}\right)^2.$$

$$\varphi = \frac{ag}{\sigma}\frac{ch\,k(z+h)}{ch\,kh}\sin kx\cos\sigma t \qquad (\sigma^2 = gk\,th\,kh)$$

$$\zeta = a\sin kx\sin\sigma t$$

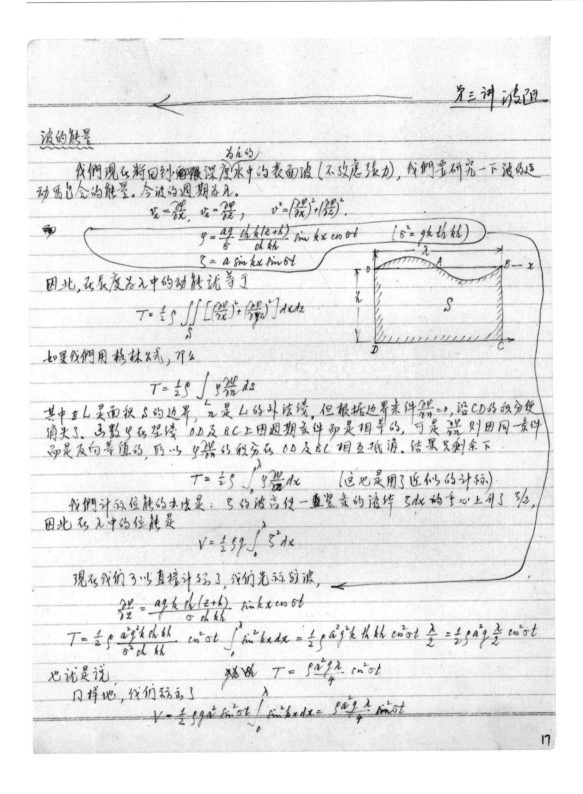

因此，在长度为 λ 中的动能就等于

$$T = \frac{1}{2}\rho\iint_S\left[\left(\frac{\partial \varphi}{\partial x}\right)^2 + \left(\frac{\partial \varphi}{\partial z}\right)^2\right]dx\,dz$$

如果我们用格林公式，那么

$$T = \frac{1}{2}\rho\int_L \varphi\frac{\partial \varphi}{\partial n}\,ds$$

其中 L 是面积 S 的边界，n 是 L 的外法线。但根据边界条件 $\frac{\partial \varphi}{\partial n}=0$，沿 CD 的积分便消失了。而数值 φ 在直线 OD 及 BC 上因周期条件是相等的，可是 $\frac{\partial \varphi}{\partial n}$ 则因同一条件而是反向等值的，所以 $\varphi\frac{\partial \varphi}{\partial n}$ 的积分在 OD 及 BC 相互抵消。结果只剩余下

$$T = \frac{1}{2}\rho\int_0^\lambda \varphi\frac{\partial \varphi}{\partial z}\,dx \qquad (这也是用了近似的计算)$$

我们计算位能的办法是：ζ 的波高使一直竖柱的波峰 $\zeta\,dx$ 的重心上升了 $\zeta/2$，因此在 λ 中的位能是

$$V = \frac{1}{2}\rho g\int_0^\lambda \zeta^2\,dx$$

现在我们可以直接计算了，我们先算动波，

$$\frac{\partial \varphi}{\partial z} = \frac{ag\,k}{\sigma}\frac{ch\,k(z+h)}{ch\,kh}\sin kx\cos\sigma t$$

$$T = \frac{1}{2}\rho\frac{a^2g^2k\,ch\,kh}{\sigma^2\,ch\,kh}\cos^2\sigma t\int_0^\lambda\sin^2kx\,dx = \frac{1}{2}\rho a^2g^2k\,th\,kh\,\cos^2\sigma t\,\frac{\lambda}{2} = \frac{1}{2}\rho a^2g\frac{\lambda}{2}\cos^2\sigma t$$

也就是说 $\quad$ 动能 $\quad T = \frac{\rho a^2 g\lambda}{4}\cos^2\sigma t$

同样地，我们算出了

$$V = \frac{1}{2}\rho g a^2\sin^2\sigma t\int_0^\lambda\sin^2kx\,dx = \frac{\rho a^2 g\lambda}{4}\sin^2\sigma t$$

17

因此对驻波来讲，第一，$T+V = \dfrac{\rho a^2 g \lambda}{4}$；总和是不变的

第二，动能与位能永远不被此变换着。

第三，平均值彼此相等。

对进行波，我们有 $\varphi = \dfrac{a \sigma}{k} \dfrac{ch\, k(z+h)}{ch\, kh} \sin(kx - \sigma t)$；$\zeta = a \cos(kx - \sigma t)$

可以得到 $T = V = \dfrac{\rho a^2 g \lambda}{4}$，$T+V = \dfrac{\rho a^2 g \lambda}{2}$

因此，在这里动能和位能都各自保持着 "常数"。而总能量是 λ。

能量的转移。取进行波，例如在无限深度的液体中，

$$\varphi = \dfrac{a \sigma}{k} e^{kz} \sin(kx - \sigma t)$$

$$v_x = \dfrac{\partial \varphi}{\partial x} = \dfrac{a \sigma k}{k} e^{kz} \cos(kx - \sigma t) = a \sigma e^{kz} \cos(kx - \sigma t)$$

而压力 $\dfrac{p - p_0}{\rho} = -\dfrac{\partial \varphi}{\partial t} - gz = a g e^{kz} \cos(kx - \sigma t) - gz$

我们现在取一条在 oy 方向为一的一条 oyz 平面，我们来计算由于压力所作的功，这显然是 $p v_x\, dz\, \Delta t$，而

$$p v_x\, dz\, \Delta t = \left[a^2 g \sigma \rho\, e^{2kz} \cos^2(kx - \sigma t) + (p_0 - \rho g z) a \sigma e^{kz} \cos(kx - \sigma t) \right] dz\, \Delta t$$

在一个周期 $T = \dfrac{2\pi}{\sigma}$ 中，这些力所做的功将等于

$$a^2 g \sigma \rho\, e^{2kz} \dfrac{\pi}{\sigma}\, dz = \pi a^2 g \rho\, e^{2kz}\, dz$$

而整个条上的功将是 $W = \pi a^2 g \rho \displaystyle\int_{-\infty}^{0} e^{2kz}\, dz = \dfrac{\pi a^2 g \rho}{2k} = \dfrac{\pi^2 g \rho \lambda}{4\pi} = \dfrac{a^2 g \rho \lambda}{4}$

而在单位时间取体的平均功是 $W_1 = \dfrac{a^2 g \rho}{4} \dfrac{\sigma}{2} = \dfrac{a^2 g \rho}{4} c$

又是 $c = 2U$，故 $W_1 = \dfrac{1}{2} a^2 g \rho U$

而这恰是代表着单位 x-方向的总能量，而能量群连的速度是群速度 U。这一个结果

也云现于其他的波的运动。

波阻　与能量传递密切相关的是波阻问题。例如，假定在以速度 c 移动的船后形成了波，那么这些波的群播速度就等于 c。如以 E 表示在单位長度上的波能，则每秒中我们将有行流的波能 cE。但这个能量的一部分是由早先形成的波所转移过来的，正是这些波把 $UE = \frac{1}{2}E$ 大小的能量带过来一个平面。剩下的能量 $(c-u)E = \frac{1}{2}E$ 必须由船供给来。因此，船在每单位时间中产生 $\frac{c}{2}E$ 的功来造波，所以这波阻力 R 可以由下式求得

$$Rc = \frac{Ec}{2},$$

$$\boxed{R = E/2} = E\left(\frac{c-u}{c}\right)$$

在自由面下的波

我们先换一下座标的符号，$x \to x$，$z \to y$，並且引用复变数

$$z = x + iy$$

和复速度势　　　　　$$w = \varphi + i\psi.$$

今一个强度为 Γ 的旋涡沿在自由面下 h 的深度以等速度 c 平行于 ox 正轴运动。

为了把运动变成一个定常的，我们在上述的流动上叠加成上一个负向 c 速度，那么没有 Γ 的情形是 $W = -cz$，$\bar\Phi = -cx$，$\Psi = -cy$；而有 Γ 时

$$W = -w - cz, \quad \bar\Phi = \varphi - cx, \quad \Psi = \psi - cy$$

φ 和 ψ 以及 w 就成为因 Γ 而引起的函数。

根据 Bernoulli 公式，

$$p = C - \frac{1}{2}\rho(v_x^2 + v_y^2) - \rho g y$$

而其中

$$v_x = \frac{\partial \bar\Phi}{\partial x} = \frac{\partial \varphi}{\partial x} - c$$

$$v_y = \frac{\partial \bar\Phi}{\partial y} = \frac{\partial \varphi}{\partial y}$$

故　　　$$p = C - \frac{1}{2}\rho c^2 + \rho c \frac{\partial \varphi}{\partial x} - \frac{1}{2}\rho\left[\left(\frac{\partial\varphi}{\partial x}\right)^2 + \left(\frac{\partial\varphi}{\partial y}\right)^2\right] - \rho g y$$

现在我们假设在自由面上 $\frac{\partial\varphi}{\partial x}$，$\frac{\partial\varphi}{\partial y}$ 很小，因此二次项可以略去不计。那么在自由面上

$$p_0 = C - \frac{1}{2}\rho c^2 + \rho c\left(\frac{\partial\varphi}{\partial x}\right) - \rho g \delta(x)$$

自由面

而其中 $\delta(x)=y$ 是自由面的高度。

因为在很远的地方不应该有干扰，所以

$$\lim_{x\to\infty}\delta(x)=0$$

而另一面看，当 Γ 不再在远时，$\frac{\partial\psi}{\partial x}=\delta=0$，而

$$p_0=C-\frac{1}{2}\rho c^2$$

因此在自由面的条件是

$$\rho\delta(x)=c\left(\frac{\partial\psi}{\partial x}\right)_{y=0}$$

或

$$\boxed{\rho\delta(x)=c\frac{\partial(x,0)}{\partial x}}$$

而自由面是一条流线，故

$$\frac{\partial\psi}{\partial x}=0, \qquad y=\delta(x)$$

$$c\delta(x)=\psi(x,\delta)\sim\boxed{\psi(x,0)=c\delta(x)}$$

如果我们引入

$$\frac{g}{c^2}=\nu$$

在 $y=0$ 上，

$$\boxed{\frac{\partial\psi}{\partial x}=\nu\psi}$$

但是

$$\frac{\partial\psi}{\partial x}=\mathrm{Re}\frac{dw}{dz}=\mathrm{Im}\,i\frac{dw}{dz}, \qquad \psi=\mathrm{Im}\,w$$

因此，边界条件就可以换写为，在 $y=0$ 上

$$\boxed{\mathrm{Im}\left(i\frac{dw}{dz}-\nu w\right)=0}$$

现在我们令　$i\frac{dw}{dz}-\nu w=f(z)=\varphi'+i\psi'$

$$\frac{df}{dz}=\frac{\partial\varphi'}{\partial y}+i\frac{\partial\psi'}{\partial x}$$

但是在 $y=0$ 上，$\psi'=0$，$\frac{\partial\psi'}{\partial x}=0$，故

$$\boxed{\mathrm{Im}\left(i\frac{d^2w}{dz^2}-\nu\frac{dw}{dz}\right)=0, \quad 在\ y=0\ 上}$$

正如已经说过的，$x\to+\infty$ 时，$\left|\frac{dw}{dz}\right|\to0$；而 $|z|\to\infty$ 时处处 $\left|\frac{dw}{dz}\right|$ 必须是有界的。

在我们现在所放虑的那个旋涡运动的特殊情形中，函数 $w(z)$ 除去谈涡所在的一点以外，必须在整个 $y<0$ 的半平面中是全纯的。假定旋涡位于坐标为 $x=0$, $y=-h$ 的点 $z=-ih$ 之上，在这点附近，函数 $w(z)$ 应该具有形式

$$w(z) = \frac{\Gamma}{2\pi i} \ln(z+ih) + g(z)$$

此中 $g(z)$ 是点 $z=-ih$ 的邻域中的全纯函数。因而

$$f(z) = i\frac{d^2 w}{dz^2} - \gamma\frac{dw}{dz} = -\frac{\Gamma}{2\pi}\frac{1}{(z+ih)^2} - \frac{\Gamma\gamma}{2\pi i}\frac{1}{z+ih} + h(z)$$

而这里 $h(z)$ 是点 $z=-ih$ 的邻域中的全纯函数。

但是我们已经肯定了，$f(z)$ 在实数轴上是有实数值的。但那时，这个在 $y<0$ 半平面上给定的函数，可根据 Schwartz 对称原理而将其解析拓展到 $y>0$ 的上半平面中去。就是函数 $f(z)$ 在对于 αx 轴对称的两个点上的值必须是共轭复数，

$$f(x+iy) = \overline{f(x-iy)}$$

这时得到的已是在整个复变数 z 的平面上的解析函数。这点设在点 $z=-ih$ 上有奇点，而在 $z=+ih$ 上正有奇点。在这 $z=+ih$ 的邻域中我们有表达式

$$f(z) = -\frac{\Gamma}{2\pi}\frac{1}{(z-ih)^2} + \frac{\Gamma\gamma}{2\pi i}\frac{1}{z-ih} + \overline{h(z)}$$

这表示点 $z=ih$ 是函数 $f(z)$ 的二级极点。在有限的距离内，这点设并没有任何其他的奇点了。因为要在 $z=\theta\infty$ 时 $f(z)$ 变为零，所以函数在无穷远点的邻域中是全纯的，故

$$f(z) = i\frac{d^2 w}{dz^2} - \gamma\frac{dw}{dz} = -\frac{\Gamma}{2\pi}\frac{1}{(z+ih)^2} - \frac{\Gamma\gamma}{2\pi i}\frac{1}{z+ih} - \frac{\Gamma}{2\pi}\frac{1}{(z-ih)^2} + \frac{\Gamma\gamma}{2\pi i}\frac{1}{z-ih}$$

而我们现在的问题是解上面的方程式，而要当立在沿正实轴趋近于无穷远处时 $(z\to+\infty)$, $w\to 0$.

故令

$$w = A(z) + B(z)e^{-i\gamma z}, \quad \sqrt{} \quad \frac{dA}{dz} + \frac{dB}{dz}e^{-i\gamma z} = 0, 那么$$

$$\frac{d^2 w}{dz^2} = \frac{d^2 A}{dz^2} - \gamma^2 B(z)e^{-i\gamma z} - i\gamma\frac{dB}{dz}e^{-i\gamma z}$$

$$\frac{dw}{dz} = \Phi - i\gamma B(z)e^{-i\gamma z}$$

因此
$$\frac{dA}{dz} + \frac{dB}{dz} e^{-i\nu z} = 0$$

$$\nu \frac{dB}{dz} e^{-i\nu z} = -\frac{\Gamma}{2\pi}\left\{ \frac{1}{(z+ih)^2} - \frac{\nu i}{z+ih} + \frac{1}{(z-ih)^2} + \frac{\nu i}{z-ih}\right\}$$

或者我们可以换写作

$$\frac{dA}{dz} = \frac{\Gamma}{2\pi\nu}\left\{ \frac{1}{(z+ih)^2} - \frac{\nu i}{z+ih} + \frac{1}{(z-ih)^2} + \frac{\nu i}{z-ih}\right\}$$

$$\frac{dB}{dz} = -\frac{\Gamma}{2\pi\nu} e^{i\nu z}\left\{ \frac{1}{(z+ih)^2} - \frac{\nu i}{z+ih} + \frac{1}{(z-ih)^2} + \frac{\nu i}{z-ih}\right\}$$

我们的条件是 $A\to 0$, $z\to +\infty$; $B\to 0$, $z\to +\infty$. 故我们得到,

$$A = -\frac{\Gamma}{2\pi\nu}\left\{ \frac{1}{z+ih} + \frac{1}{z-ih}\right\} + \frac{\Gamma}{2\pi\nu} \ln\frac{z+ih}{z-ih}$$

$$B = -\frac{\Gamma}{2\pi\nu}\int_{t=+\infty}^{z} e^{i\nu t}\left[\frac{1}{(t+ih)^2} + \frac{1}{(t-ih)^2} - \frac{\nu i}{t+ih} + \frac{\nu i}{t-ih}\right] dt$$

但是

$$\int_{+\infty}^{z}\frac{e^{i\nu t}}{(t+ih)^2} dt = -\int_{+\infty}^{z} e^{i\nu t} d\left(\frac{1}{t+ih}\right) = -\frac{e^{i\nu z}}{z+ih} + i\nu\int_{+\infty}^{z}\frac{e^{i\nu t}}{t+ih} dt$$

$$\int_{+\infty}^{z}\frac{e^{i\nu t}}{(t-ih)^2} dt = -\frac{e^{i\nu z}}{z-ih} + i\nu\int_{+\infty}^{z}\frac{e^{i\nu t}}{t-ih} dt$$

所以把结果整理以后, 就是

$$w(z) = \frac{\Gamma}{2\pi i} \ln\frac{z+ih}{z-ih} + \frac{\Gamma}{\pi i} e^{-i\nu z}\int_{+\infty}^{z}\frac{e^{i\nu t}}{t-ih} dt$$

这就是最后的解的结果。
现在我们可以来计算自由面的形状了:

$$\delta(x) = \frac{c}{g}\left(\frac{\partial\varphi}{\partial x}\right)_{y=0} = \frac{c}{g} R_e w'(x)$$

$$\frac{dw}{dz} = \frac{\Gamma}{2\pi i}\left\{ \frac{1}{z+ih} + \frac{1}{z-ih}\right\} - \frac{\Gamma\nu}{\pi} e^{-i\nu z}\int_{+\infty}^{z}\frac{e^{i\nu t}}{t-ih} dt$$

我们令 $z=x$, 然后取其实数部分, 可以

$$\delta(x) = -\frac{\Gamma}{\pi c} \int_{-\infty}^{x} \frac{t \cos \nu(t-x) - h \sin \nu(t-x)}{t^2 + h^2} dt$$

显然，有

$$\lim_{x \to \infty} \delta(x) = 0$$

所以我们知道这是符合我们所提的边界条件的。而在旋涡的左方，我们最好把积分改一下：

$$\int_{+\infty}^{z} \frac{e^{i\nu t}}{t-ih} dt = -\int_{-\infty}^{+\infty} \frac{e^{i\nu t}}{t-ih} dt + \int_{-\infty}^{z} \frac{e^{i\nu t}}{t-ih} dt = -2\pi i e^{-\nu h} + \int_{-\infty}^{z} \frac{e^{i\nu t}}{t-ih} dt$$

所以

$$\frac{dw}{dz} = \frac{\Gamma}{2\pi i}\left\{\frac{1}{z+ih} + \frac{1}{z-ih}\right\} + 2\Gamma \nu i e^{-\nu h} e^{-i\nu z} - \frac{\Gamma \nu}{\pi} e^{-i\nu z} \int_{-\infty}^{z} \frac{e^{i\nu t}}{t-ih} dt$$

因此

$$\delta(x) = \frac{2\Gamma}{c} e^{-\nu h} \sin \nu x - \frac{\Gamma}{\pi c} \int_{-\infty}^{x} \frac{t \cos \nu(t-x) - h \sin \nu(t-x)}{t^2 + h^2} dt$$

这中的积分当 $t \to -\infty$ 时趋于零，因而在 $x \to -\infty$ 时

$$\delta(x) \sim \frac{2\Gamma}{c} e^{-\nu h} \sin \nu x$$

这表明高旋涡后甚远之处，液体的自由边界是正弦波的形状，其振幅是

$$a = \frac{2\Gamma}{c} e^{-\nu h} = \frac{2\Gamma}{c} e^{-\frac{hg}{c^2}} \qquad h增则|a减！$$

而波长为

$$\lambda = \frac{2\pi}{\nu} = \frac{2\pi c^2}{g}$$

也正是以 c 为波速的波长。

此外，

$$\int_{+\infty}^{x} \frac{t \cos \nu(t-x) - h \sin \nu(t-x)}{t^2 + h^2} dt$$

中，也以 $-t'$ 代 t，$dt = -dt'$，可成

$$\int_{-\infty}^{-x} \frac{t' \cos \nu(t'+x) - h \sin \nu(t'+x)}{t'^2 + h^2} dt'$$

也就是 $\int_{-\infty}^{x} \frac{t \cos \nu(t-x) - h \sin \nu(t-x)}{t^2 + h^2} dt$ 积分在 $x \to -x$ 的反之值，因此自由面

的形状是一个对称部分 ～～～ 加一个波.

现在我们来计算一下作用在旋涡上的力: 依那 Чаплыгин 式

$$Y+iX = -\frac{\rho}{2}\oint\left(\frac{dW}{dz}\right)^2 dz, \qquad \oint 是绕\ z=-ih\ 点的$$

而其中

$$W(z) = w - cz = \frac{\Gamma}{2\pi i}\ln\frac{z+ih}{z-ih} + \frac{\Gamma}{\pi i}e^{-i\nu z}\int_{+\infty}^{z}\frac{e^{i\nu t}}{t-ih}dt - cz$$

所以

$$\frac{dW}{dz} = \frac{\Gamma}{2\pi i}\frac{1}{z+ih} + \left\{-\frac{\Gamma}{2\pi i}\frac{1}{z-ih} + \frac{\Gamma}{\pi i}\frac{1}{z-ih} - \frac{\Gamma\nu}{\pi}e^{-i\nu z}\int_{+\infty}^{z}\frac{e^{i\nu t}}{t-ih}dt\right\} - c$$

$$= \frac{\Gamma}{2\pi i}\frac{1}{z+ih} + \underbrace{\left\{-c + \frac{\Gamma}{2\pi i}\frac{1}{z-ih} - \frac{\Gamma\nu}{\pi}e^{-i\nu z}\int_{+\infty}^{z}\frac{e^{i\nu t}}{t-ih}dt\right\}}_{\alpha(z)}$$

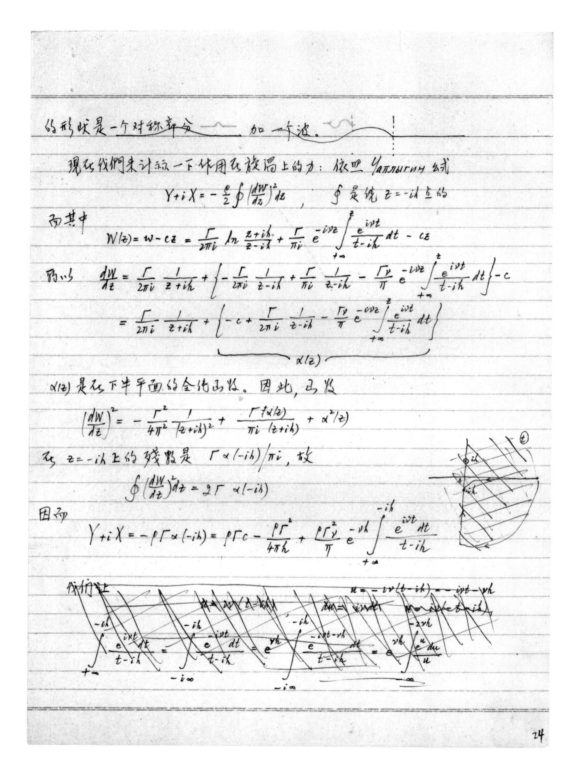

$\alpha(z)$ 是在下半平面的全纯函数. 因此, 马股

$$\left(\frac{dW}{dz}\right)^2 = -\frac{\Gamma^2}{4\pi^2}\frac{1}{(z+ih)^2} + \frac{\Gamma\cdot\alpha(z)}{\pi i\,(z+ih)} + \alpha^2(z)$$

在 $z=-ih$ 上的残数是 $\Gamma\alpha(-ih)/\pi i$, 故

$$\oint\left(\frac{dW}{dz}\right)^2 dz = 2\Gamma\,\alpha(-ih)$$

因而

$$Y+iX = -\rho\Gamma\alpha(-ih) = \rho\Gamma c - \frac{\rho\Gamma^2}{4\pi h} + \frac{\rho\Gamma\nu}{\pi}e^{-\nu h}\int_{+\infty}^{-ih}\frac{e^{i\nu t}}{t-ih}dt$$

我们上

$$\int_{+\infty}^{-ih}\frac{e^{i\nu t}}{t-ih}dt = \int_{-i\infty}^{-ih}\frac{e^{-i\nu t}}{t-ih}dt = e^{\nu h}\int\frac{e^{-i\nu t-\nu h}}{t-ih}dt = e^{-2\nu h}\int_{-\infty}\frac{e^{-\nu u}}{u}du$$

现在我们来研究 $\int_{+\infty}^{-ih} \dfrac{e^{+ivt}}{t-ih}dt$. 我们可以把积分的线路改一下,

所以 $\int_{+\infty}^{-ih} \dfrac{e^{+ivt}}{t-ih}dt = -\pi i\, e^{-vh} + \int_{+i\infty}^{+3ih} \dfrac{e^{+ivt}}{t-ih}dt + \int_{+3ih}^{-ih} \dfrac{e^{+ivt}}{t-ih}dt$

让 $u = iv(t-ih)$, $du = iv\,dt$

$\int_{+i\infty}^{-ih} \dfrac{e^{+ivt}}{t-ih}dt = e^{-vh}\int_{-\infty}^{+2vh}\dfrac{e^{u}}{u}du$

$\int_{+i\infty}^{+3ih} \dfrac{e^{+ivt}}{t-ih}dt + \int_{+3ih}^{-ih}\dfrac{e^{+ivt}}{t-ih}dt = e^{-vh}\left[\int_{-\infty}^{-2vh}\dfrac{e^{u}}{u}du + \int_{-2vh}^{+2vh}\dfrac{e^{u}}{u}du\right]$

$= e^{-vh}\left[Ei(-2vh) + \int_{0}^{2vh}\dfrac{e^{u}du}{u} + \int_{-2vh}^{0}\dfrac{e^{u}}{u}du\right] = e^{-vh}\left\{Ei(-2vh) + \int_{0}^{2vh}\dfrac{(e^{u}-e^{-u})}{u}du\right\}$

$= e^{-vh}\left\{Ei(-2vh) + 2\,\mathfrak{Si}(2vh)\right\}$, 而 $\mathfrak{Si}\,x = \int_{0}^{x}\dfrac{\sin t}{t}dt$

因此 $Y+iX = \left\{\rho c\Gamma - \dfrac{\rho\Gamma^2}{4\pi h} + \dfrac{\rho\Gamma^2 v}{\pi}e^{-2vh}\left[Ei(-2vh) + 2\mathfrak{Si}(2vh)\right]\right\} - i\rho\Gamma^2 v\, e^{-2vh}$

也就是说

$$X = -\dfrac{\rho v\Gamma^2}{c^2}e^{-\frac{2gh}{c^2}}$$

$$Y = \rho c\Gamma - \dfrac{\rho\Gamma^2}{4\pi h} + \dfrac{\rho g\Gamma^2}{\pi c^2}e^{-\frac{2gh}{c^2}}\left\{Ei\left(-\dfrac{2gh}{c^2}\right) + 2\mathfrak{Si}\left(\dfrac{2gh}{c^2}\right)\right\}$$

$-X$ 就是波阻, R; 这是 R 也能从尾波的波幅表示; 如果我们用 a 为幅

$R = \dfrac{1}{4}a^2 g\rho = \dfrac{1}{4}g\rho\left(\dfrac{2\Gamma}{c}e^{\frac{gh}{c^2}}\right)^2 = \dfrac{\rho g\Gamma^2}{c^2}e^{-\frac{2gh}{c^2}} = -X$.

$\dfrac{g}{c^2}h$ 也就是对深度来说的福罗特数.

第四讲

水面滑行的平板

作用在自由表面上的力 F

我们在以前曾经计算过在沿 x 轴向以 c 速度滑动的水中，如果水面是

$$\zeta = a \cos kx$$

那么在水面上

$$p - p_0 = (kc^2 - g)a \cos kx$$

也就是说在水面上的压力分布是

$$p - p_0 = \rho(kc^2 - g)a \cos kx.$$

我们现在要研究的是一个在 $x=0$ 点上的 F 力，也就是说在水面上

$$p - p_0 = F \cdot \delta(x)$$

$\delta(x)$ 是一个单位冲量的函数。但是我们也可以用福氏积分来表示 $F \cdot \delta(x)$

$$\pi F \cdot \delta(x) = F \cdot \int_0^\infty \cos kx \, dk \int_{-\infty}^{\infty} \delta(\zeta) \cos k\zeta \, d\zeta = F \cdot \int_0^\infty \cos kx \, dk$$

也就是说 F 力是 $\frac{1}{\pi} F \cos kx$ 的叠加。所以相应的 $\zeta(x)$ 就应该是 $\frac{F}{\pi\rho} \frac{\cos kx}{kc^2 - g}$ 的叠加。即

$$\zeta(x) = \frac{F}{\pi\rho c^2} \int_0^\infty \frac{\cos kx}{k - \nu} \, dk = \frac{F}{2\pi\rho c^2} \int_0^\infty \frac{e^{ikx} + e^{-ikx}}{k - \nu} \, dk$$

(a) 如果 $x > 0$

$$\int_0^\infty \frac{e^{ikx}}{k - \nu} \, dk = \pi i e^{i\nu x} + \int_0^{i\infty} \frac{e^{ikx}}{k - \nu} \, dk \qquad k = it$$
$$dk = i \, dt$$

$$= \pi i e^{i\nu x} + \int_0^\infty \frac{e^{-tx}}{t + i\nu} \, dt \; ;$$

$$\int_0^\infty \frac{e^{-ikx}}{k - \nu} \, dk = -\pi i e^{-i\nu x} + \int_0^{-i\infty} \frac{e^{-ikx}}{k - \nu} \, dk \qquad k = -it$$

$$= -\pi i e^{-i\nu x} + \int_0^\infty \frac{e^{-tx}}{t - i\nu} \, dt$$

因此 $$\zeta(x) = \frac{F}{2\pi\rho c^2} \left\{ -2\pi \sin \nu x + 2 \int_0^\infty \frac{t e^{-tx}}{t^2 + \nu^2} \, dt \right\}$$

26

如果 $x<0$，　　　$\zeta(x) = \frac{F}{2\pi\rho c^2}\left\{ 2\pi \sin\nu x + 2\int_0^\infty \frac{t e^{-t|x|}}{t^2+\nu^2}dt \right\}$

但是从现象的性质出发，我们知道 $x\to\infty$，$\zeta(x)\to 0$。而从上面的计算来看，在 $x\to\infty$ 时还有一个波 $-2\pi\sin\nu x$ 存在，这是怎么回事？我们从计算知道 $k=\nu$ 是自由波，也就是这样一个波不会产生水面的压力分布。所以我们可以在我们的解上面加上一个 $2\pi\sin\nu x \cdot \frac{F}{2\pi\rho c^2}$ 而不影响水面的压力分布，那么

为 $x>0$，

$$\zeta(x) = \frac{F}{\pi\rho c^2}\int_0^\infty \frac{t e^{-tx}}{t^2+\nu^2}dt$$

为 $x<0$，

$$\zeta(x) = \frac{F}{\pi\rho c^2}\left\{ 2\pi\sin\nu x + \int_0^\infty \frac{t e^{-t|x|}}{t^2+\nu^2}dt \right\}$$

所以水面的形状是一个对称函数 ζ_1 和一个尾波 ζ_2 的叠加，如下图：

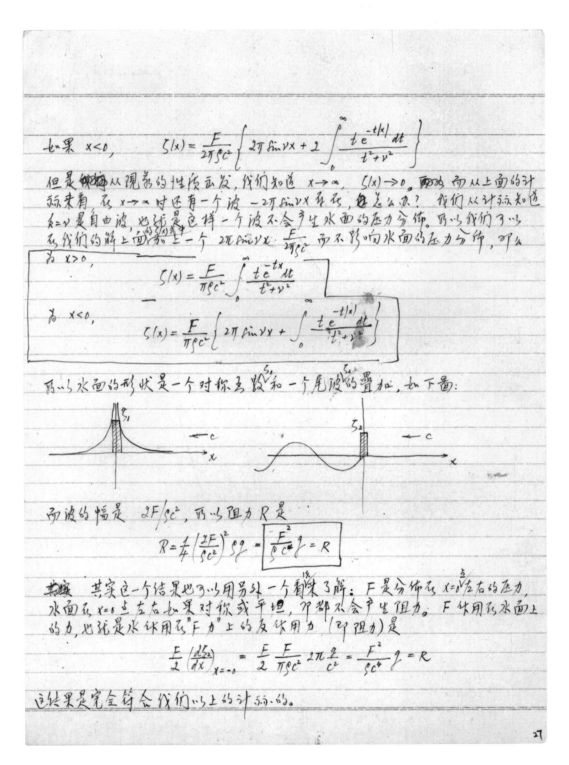

而波的幅是 $2F/\rho c^2$，所以阻力 R 是

$$R = \frac{1}{4}\left(\frac{2F}{\rho c^2}\right)^2 \rho g = \boxed{\frac{F^2}{\rho c^4}g = R}$$

其实这一个结果也可以用另外一个看法了解：F 是分布在 $x=0$ 左右的压力，水面在 $x=0$ 点左右如果对称或平坦，那都不会产生阻力。F 作用在水面上的力，也就是水作用在"F 力"上的反作用力（即阻力）是

$$\frac{F}{2}\left(\frac{d\zeta_2}{dx}\right)_{x=0} = \frac{F}{2}\frac{F}{\pi\rho c^2}2\pi\frac{\nu}{c^2} = \frac{F^2}{\rho c^4}g = R$$

这结果是完全符合我们以上的计算的。

$\zeta'(x)$ 现在我们为了下面的计算，研究一下 $\zeta'(x)$ 的值。

为 $x>0$，也就是在 F 力之前，

$$\zeta'(x) = -\frac{F}{\pi\rho c^2}\int_0^\infty \frac{t^2 e^{-xt}\,dt}{t^2+\nu^2} = -\frac{F}{\pi\rho c^2}\left\{\int_0^\infty e^{-xt}\,dt - \nu^2\int_0^\infty \frac{e^{-xt}}{t^2+\nu^2}\,dt\right\}$$

$$= -\frac{F}{\pi\rho c^2}\left\{\frac{1}{x} - \nu\int_0^\infty \frac{e^{-\nu x\xi}\,d\xi}{\xi^2+1}\right\} = \frac{F}{\pi\rho c^2}\left\{-\frac{1}{x} + \nu\int_0^\infty \frac{d\xi}{\xi^2+1} - \nu\int_0^\infty \frac{(1-e^{-\nu x\xi})\,d\xi}{\xi^2+1}\right\}$$

也就是说

$$\zeta'(x) = \frac{F}{\pi\rho c^2}\left\{-\frac{1}{x} + \frac{\pi\nu}{2} - \nu\int_0^\infty \frac{(1-e^{-\nu x\xi})\,d\xi}{\xi^2+1}\right\}$$

为 $x<0$，也就是在 F 力之后

$$\zeta'(x) = \frac{F}{\pi\rho c^2}\left\{2\pi\nu\cos\nu x + \int_0^\infty \frac{t^2 e^{xt}\,dt}{t^2+\nu^2}\right\}$$

$$= \frac{F}{\pi\rho c^2}\left\{2\pi\nu\cos\nu x - \frac{1}{x} - \nu\int_0^\infty \frac{e^{\nu x\xi}\,d\xi}{\xi^2+1}\right\} = \frac{F}{\pi\rho c^2}\left\{2\pi\nu\cos\nu x - \frac{1}{x} - \frac{\pi\nu}{2} + \nu\int_0^\infty \frac{(1-e^{\nu x\xi})\,d\xi}{\xi^2+1}\right\}$$

所以如果 $\nu = \frac{g}{c^2}$ 是很小的话，那么

为 $x>0$， $\zeta'(x) \cong \dfrac{F}{\pi\rho c^2}\left\{-\dfrac{1}{x} + \dfrac{\pi\nu}{2}\cdots\right\}$

而为 $x<0$， $\zeta'(x) \cong \dfrac{F}{\pi\rho c^2}\left\{-\dfrac{1}{x} + \dfrac{3\pi\nu}{2}\cdots\right\}$

我们在下面将利用这个结果来计算在水面上以高速运行的平板上的压力分布。

<u>平板以仰角 α 运行的</u>

如果在平板上的压力分布是 $p-p_0 = f(\xi)$, $0<\xi<b$, 那么以如果略去二次 ν 项不计，

$$\pi\rho c^2\alpha = \int_0^b \frac{\pi\rho c^2}{F} f(\xi)\, \zeta'(x-\xi)\,d\xi = \int_0^b f(\xi)\left\{\frac{1}{\xi-x}\right\}d\xi + \int_0^x f(\xi)\frac{\pi\nu}{2}d\xi + \int_x^b f(\xi)\frac{3\pi\nu}{2}d\xi$$

因此设

$$f(\xi) = f^0(\xi) + \nu f^1(\xi) + \cdots$$

那么

$$\pi \rho c^2 \alpha = \int_0^b \frac{f'(\xi)}{\xi - x} d\xi \qquad (I)$$

$$-\frac{\pi}{2} \int_0^x f'(\xi) d\xi - \frac{3\pi}{2} \int_x^b f'(\xi) d\xi = \int_0^b \frac{f'(\xi) d\xi}{\xi - x} \qquad (II)$$

这也就是一连串的含 $f'(\xi)$, $f''(\xi)$ 等的积分方程。先解第一个 (I) 积分方程，求出 $f(\xi)$，然后再代入 (II)，求 $f'(\xi)$。

现在我们先来解第一个积分方程：如果我们代入新的变数 θ 和 ϕ,

$$\frac{b}{2}(1 - \cos\theta) = \xi \quad , \qquad d\xi = \frac{b}{2} \sin\theta \, d\theta$$

$$\frac{b}{2}(1 - \cos\phi) = x$$

那么 第一个积分方程可以改写作。

$$\pi \rho c^2 \alpha = \int_0^\pi \frac{f' \cdot \sin\theta \, d\theta}{\cos\phi - \cos\theta}$$

我们在这里可以利用二元翼剖面理论的经验，命

$$f' = A_n \tan \frac{\theta}{2}$$

那么

$$f' \cdot \sin\theta = A_n \frac{\sin\frac{\theta}{2}}{\cos\frac{\theta}{2}} \cdot 2 \sin\frac{\theta}{2} \cos\frac{\theta}{2} = A_n (1 - \cos\theta)$$

因此

$$\pi \rho c^2 \alpha = A_n \int_0^\pi \frac{(1 - \cos\theta) d\theta}{\cos\phi - \cos\theta} = A_n \int_0^\pi \frac{d\theta}{\cos\phi - \cos\theta} + A_n \int_0^\pi \frac{\cos\theta \, d\theta}{\cos\theta - \cos\phi}$$

但是我们知道

$$\int_0^\pi \frac{\cos\theta}{\cos\phi - \cos\theta} = \pi \frac{\sin\phi}{\sin\phi}$$

所以

$$A_n = \rho c \alpha$$

作为一级近似，我们得到

$$f'(\xi) = \rho c^2 \alpha \cdot \tan\frac{\phi}{2} = \rho c^2 \alpha \sqrt{\frac{\frac{x}{b}}{2 - \frac{x}{b}}} = \boxed{\rho c^2 \alpha \sqrt{\frac{\xi}{b - \xi}} = f'(\xi)}$$

我们也可以由这些求出平板上的总力的一级近似 L':

$$L' = \int_0^b f'(\xi) d\xi = \frac{b}{2} \rho c^2 \alpha \int_0^\pi \tan\frac{\theta}{2} \cdot \sin\theta \, d\theta = \boxed{\pi c^2 \rho \alpha \frac{b}{2} = L'}$$ 在一级近似中，

从这里我们知道，在水面滑行的平板，如果其仰角为 α, 那么它的升力系数是

$$c_2^0 = \frac{L^0}{\frac{\rho}{2}c^2 b} = \pi\alpha$$

这只有平板翼面的一半。我们了以从水面从下面的观点来解释它：在水面滑行的平面只能在平面板下面承受压力，而不象翼面那样既能在下表面承受压力，也能在上表面承受吸力。显然，就象翼板面一样，压力中心是在离前缘 $\frac{b}{4}$ 的地方。

现在我們再来解第二个方程：

$$\int_0^b \frac{f'(\xi)d\xi}{x-\xi} = \frac{\pi}{2}\int_0^x f''(\xi)d\xi + \frac{3\pi}{2}\int_x^b f'(\xi)d\xi$$

把 x,ξ 变数换成 ϕ 及 θ，並代入以前两无得的 $f'(\xi)$，这个方程就了以换写成

$$\int_0^\pi \frac{f'(\theta)\sin\theta\, d\theta}{\cos\theta - \cos\phi} = \frac{\pi}{2}\int_0^\phi \rho c^2\alpha \frac{b}{2}(1-\cos\theta)d\theta + \frac{3\pi}{2}\int_\phi^\pi \rho c^2\alpha \frac{b}{2}(1-\cos\theta)d\theta$$

$$= \rho c^2\alpha \frac{b}{2}\left[\frac{\pi}{2}\{\phi-\sin\phi\} + \frac{3\pi}{2}\{\pi-\phi+\sin\phi\}\right]$$

$$= \rho c^2\alpha \frac{b}{2}\left[\frac{3\pi^2}{2} - \pi\phi + \pi\sin\phi\right] = \frac{1}{2}\pi\rho c^2\alpha\left[\frac{3\pi}{2} - \phi + \sin\phi\right]$$

我們先得把 $\frac{1}{2}\pi\rho c^2\left[\frac{3\pi}{2} - \phi + \sin\phi\right]$ 展开为 $\cos n\phi$ 的级数，可

$$\frac{1}{2}\pi\rho c^2\alpha\left[\frac{3\pi}{2} - \phi + \sin\phi\right] = A_0 + \sum_{n=1}^\infty A_n \cos n\phi$$

也就是说

$$A_0 = \frac{1}{\pi}\cdot\frac{1}{2}\pi\rho c^2\alpha \int_0^\pi \left[\frac{3\pi}{2} - \phi + \sin\phi\right]d\phi$$

$$= \frac{1}{\pi}\cdot\frac{1}{2}\pi\rho c^2\alpha\left[\frac{3\pi^2}{2} - \frac{\pi^2}{2} + 2\right] = \boxed{\frac{b}{2}\rho c^2\left(\pi^2+2\right)\alpha = A_0}$$

而

$$A_n = \frac{2}{\pi}\cdot\frac{b}{2}\pi\rho c^2(-1)\int_0^\pi\left[\frac{3\pi}{2}-\phi+\sin\phi\right]\cos n\phi\, d\phi = \frac{2}{\pi}\cdot\frac{b}{2}\pi\rho c^2\alpha\left\{+\frac{1}{n^2}\{\cos n\phi + n\phi\sin n\phi\}\right\}_0^\pi$$

$$+ \frac{1}{2}\int_0^\pi\left[\sin(n+1)\phi - \sin(n-1)\phi\right]d\phi = \boxed{b\rho c^2\left[+\frac{(-1)^n-1}{n^2} + \frac{1+(-1)^n}{n^2-1}\right]\alpha = A_n}$$

现在如果我们令

$$\pi\rho f'(\theta) = A_0 \tan\frac{1}{2}\phi + \sum_{n=1}^\infty A_n \sin n\theta$$

那么
$$\int_0^\pi \frac{f'(\theta)\sin\theta\,d\theta}{\cos\theta-\cos\phi} = -\frac{A_0}{\pi}\phi\int_0^\pi \frac{1-\cos\theta}{\cos\theta-\cos\phi}d\theta + \frac{1}{\pi}\sum_{n=1}^{\infty}{}'A_n\int_0^\pi \frac{\sin n\theta\sin\theta\,d\theta}{\cos\theta-\cos\phi}$$

$$= A_0\phi - \frac{1}{\pi}\sum_{n=1}^{\infty}{}'A_n\frac{1}{2}\int_0^\pi \frac{\cos(n+1)\theta-\cos(n-1)\theta}{\cos\theta-\cos\phi}d\theta$$

$$= A_0\phi - \sum_{n=1}^{\infty}{}'A_n\frac{1}{2}\frac{\sin(n+1)\phi-\sin(n-1)\phi}{\sin\phi} = A_0\phi - \sum_{n=1}^{\infty}{}'A_n\cos n\phi$$

所以我们的解的确也满足第二个积分方程，而

$$f'(\theta) = \frac{1}{\pi}\left[-A_0\tan\frac{\theta}{2} + \sum_{n=1}^{\infty}{}'A_n\sin n\theta\right]$$

也就是说一直到二次近似，

$$f(\theta) = f^0(\theta) + \nu f'(\theta).$$

因为
$$\int_0^b f'(\xi)d\xi = \frac{b}{2}\int_0^\pi f'(\theta)\sin\theta\,d\theta = \frac{b}{2}\frac{1}{\pi}\int_0^\pi\left[-A_0\tan\frac{\theta}{2} + \sum_{n=1}^{\infty}{}'A_n\sin n\theta\right]\sin\theta\,d\theta$$

$$= \frac{b}{2}(-A_0) + \frac{b}{2}\frac{A_1}{2}$$

所以一直到二次近似，我们有

$$L = \frac{1}{2}\rho c^2 b\,\pi\alpha - \nu\frac{1}{2}\frac{b}{2}\rho c^2\left(\frac{\pi}{2}-2\right)\alpha = \frac{1}{2}\rho c^2 b\left[\pi - \frac{\nu b}{c^2}\left(\frac{\pi}{2}-1\right)\right]\alpha$$

也可以用升力系数来表达，

$$\boxed{C_L = \frac{L}{\frac{1}{2}\rho c^2 b} = \left[\pi - \frac{\nu b}{c^2}\left(\frac{\pi}{2}-1\right)\right]\alpha = \pi\alpha\left\{1-\frac{\nu b}{c^2}\frac{\pi}{2}\right\} = \pi\alpha\left[1-\frac{\nu b}{c^2}\left(\frac{\pi}{2}+\frac{1}{\pi}\right)\right]}$$

这一个结果说明引力 g 的作用是减小升力。

因为作用在平面上的压力必然是垂直于板面的，所以阻力一定是 α 乘升力。用此阻力 D 和阻力系数是

$$D = \alpha\cdot L = \frac{1}{2}\rho c^2 b\left[\pi - \frac{\nu b}{c^2}\left(\frac{\pi}{2}+\frac{1}{\pi}\right)\right]\alpha^2 = \frac{1}{2}\rho c^2 b\cdot\pi\left[1-\frac{\nu b}{c^2}\left(\frac{\pi}{2}+\frac{1}{\pi}\right)\right]\alpha^2$$

和

$$\boxed{C_D = \frac{D}{\frac{1}{2}\rho c^2 b} = \left[\pi - \frac{\nu b}{c^2}\left(\frac{\pi}{2}+\frac{1}{\pi}\right)\right]\alpha^2 = \pi\alpha^2\left[1-\frac{\nu b}{c^2}\left(\frac{\pi}{2}+\frac{1}{\pi}\right)\right]}$$

船舶造波阻力的计算：

我們在上面所表比的问题也是计算船舶造波阻力的充法。如果船身窄而深，那么我们近似地以在 OXZ 面上的源的分佈来代替船件。这些源汇的速度势一定在自由面上两处地产生一些速度，先是它这度一定不能满足自由面的压力条件。于是我们引力另一个速度势 φ_2 来使得 $\varphi_1 + \varphi_2$ 能满足自由面的条件。波阻是由 φ_2 而来的。我们计算的潜水水下的旋涡就是一个这类的简单例子。

如果船身平面，那么我们用一个分佈在水面上的压力来代替船身。我们的滑行及平板流是这一类的例子。

这样建立起来的理論是很有价值的，它能解释为什么波阻在速度增加时候有时增加，而有时又减少，但总的倾向是趋于增加（如圖）。了以理論也还有缺点，那就是

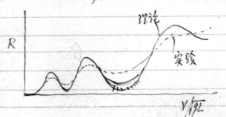

1. 它给面阻力 R 的上下應摆动太大，实验结果一般摆动较小。
2. 理論沒有它抗水的粘性影响，而这 影响可能是两方面的；一方面形成 另一种阻力，摩擦阻力；必需附加到波阻上去，体为总的阻力。而另一方面有粘性况有边界层，而边界层了转使波在固体表面的反射

力减弱，这一点我们所说的理論也沒有顾估计也去。有了能至由于这样的边界层效应而使得船头波和船尾波的相互干扰減，或相互加強作用减弱了，这就有了能解释上面所说的(1)负候差。

１９５　年　　月　　日　　　　中國科學院　力學研究所

第五讲

淺水中的長波

基本方程式

我们要在这一讲里讨论水流和波动的问题，我们将假设运动的特徵长度远远比水深大，也就是我们从另外一个方向来简化问题；我们在以前的讨论里，作为简化问题的假设是小干扰，也就是小的波高，而在这里，我们将解除这样的一个限制，我们将不限制波高，不说运动是小干扰；但是我们说水深总是比波长小得多。这样的情况下，我们將仍以 XOY 平面为无干扰的水平面，而水底的固体表面是

$$z = -h(x, y)$$

来代表的。在时间瞬间 t 的水面形状是

$$z = \zeta(x, y, t)$$

因此在时间 t 的水深是　$\zeta(x, y, t) + h(x, y)$. 在这样的水深里，波的传播（微的波）速度是，如果引用以前的结果，

$$c = \sqrt{g(\zeta + h)}$$

我們現在来研究如何利用这一特殊情形来簡化我们的计算。一般的方程：

连续方程，

$$\frac{\partial v_x}{\partial x} + \frac{\partial v_y}{\partial y} + \frac{\partial v_z}{\partial z} = 0$$

运动方程，

$$\frac{\partial v_x}{\partial t} + v_x \frac{\partial v_x}{\partial x} + v_y \frac{\partial v_x}{\partial y} + v_z \frac{\partial v_x}{\partial z} = -\frac{1}{\rho} \frac{\partial p}{\partial x}$$

$$\frac{\partial v_y}{\partial t} + v_x \frac{\partial v_y}{\partial x} + v_y \frac{\partial v_y}{\partial y} + v_z \frac{\partial v_y}{\partial z} = -\frac{1}{\rho} \frac{\partial p}{\partial y}$$

$$\frac{\partial v_z}{\partial t} + v_x \frac{\partial v_z}{\partial x} + v_y \frac{\partial v_z}{\partial y} + v_z \frac{\partial v_z}{\partial z} = -\frac{1}{\rho} \frac{\partial p}{\partial z} - g$$

１９５　年　月　日　中國科學院 力學研究所

无旋条件：

$$\frac{\partial v_y}{\partial x}-\frac{\partial v_x}{\partial y}=0,\quad \frac{\partial v_z}{\partial y}-\frac{\partial v_y}{\partial z}=0,\quad \frac{\partial v_x}{\partial z}-\frac{\partial v_z}{\partial x}=0$$

在自由面上，我们一个压力条件

$$p-p_0=0$$

此外我们也有一个运动学的条件

$$\frac{\partial \zeta}{\partial t}+v_x\frac{\partial \zeta}{\partial x}+v_y\frac{\partial \zeta}{\partial y}-v_z=0$$

而在水底，我们的边界条件是无底面法向的速度，也就是说

$$\frac{\partial h}{\partial t}+v_y\frac{\partial h}{\partial y}+v_x\frac{\partial h}{\partial x}=0 \qquad v_x\frac{\partial h}{\partial x}+v_y\frac{\partial h}{\partial y}+v_z=0$$

我们简化计算的方法是放弃研究在水深方向，也就是 z 向的细草，先研究 z 向总的，也就是 z 向的积分量。如果我们把连续方程在 z 向积分

$$\int_{-h}^{\zeta}\frac{\partial v_x}{\partial x}dz+\int_{-h}^{\zeta}\frac{\partial v_y}{\partial y}dz+\left[v_z\right]_{z=-h}^{z=\zeta}=0$$

也就是说

$$\int_{-h}^{\zeta}\frac{\partial v_x}{\partial x}dz+\int_{-h}^{\zeta}\frac{\partial v_y}{\partial y}dz+\left[\frac{\partial \zeta}{\partial t}+v_x\frac{\partial \zeta}{\partial x}+v_y\frac{\partial \zeta}{\partial y}\right]_{z=\zeta}+\left[v_x\frac{\partial h}{\partial x}+v_y\frac{\partial h}{\partial y}\right]_{z=-h}=0$$

但是

$$\frac{\partial}{\partial x}\int_{-h}^{\zeta}v_x dz=\int_{-h}^{\zeta}\frac{\partial v_x}{\partial x}dz+\left[v_x\right]_{z=\zeta}\frac{\partial \zeta}{\partial x}+\left[v_x\right]_{z=-h}\frac{\partial h}{\partial x}$$

$$\frac{\partial}{\partial y}\int_{-h}^{\zeta}v_y dz=\int_{-h}^{\zeta}\frac{\partial v_y}{\partial y}dz+\left[v_y\right]_{z=\zeta}\frac{\partial \zeta}{\partial y}+\left[v_y\right]_{z=-h}\frac{\partial h}{\partial y}$$

所以连续方程式就变成

１９５　年　月　日　中國科學院 力學研究所

$$\frac{\partial}{\partial x}\int_{-h}^{\zeta} v_x \, dz + \frac{\partial}{\partial y}\int_{-h}^{\zeta} v_y \, dz = -\frac{\partial \zeta}{\partial t}$$

一直到现在我们並沒有引用什么简化的近似。现在我們说在浅水里，一切运动主要的是 v_x, v_y, 而 v_z 是非常小的，那么在第三个运动方程式里，它的左面就可以略去不计，而

$$\frac{\partial p}{\partial z} = -g\rho$$

因而如果引用自由面上的压力条件，那么

$$p - p_0 = g\rho(\zeta - z)$$

其他两个运动方程式也可以略去带有 v_z 的项，並引用上面的压力公式，

$$\frac{\partial v_x}{\partial t} + v_x\frac{\partial v_x}{\partial x} + v_y\frac{\partial v_x}{\partial y} = -g\frac{\partial \zeta}{\partial x}$$

$$\frac{\partial v_y}{\partial t} + v_x\frac{\partial v_y}{\partial x} + v_y\frac{\partial v_y}{\partial y} = -g\frac{\partial \zeta}{\partial y}$$

因为我們已经不考虑 v_x, v_y 随 z 的变化，连续方程也就可以换写作

$$\frac{\partial}{\partial x}\left[v_x(\zeta + h)\right] + \frac{\partial}{\partial y}\left[v_y(\zeta + h)\right] = -\frac{\partial \zeta}{\partial t}$$

这就是为三个未知参数 v_x, v_y, ζ 的三个方程，减得了 $\frac{w}{z}$ 我们就可以从压力公式求压力。很显然，现在的问题是非线性的了。

写化气动力学的形式

　　上面所得到的公式可以再经过一次变更而把它们变成和气动力学相似的形式：我们让为单位面积水底面上的质量等于 $\bar{\rho}$, 也就是

$$\bar{\rho} = \rho(\zeta + h)$$

而我们又引用在水深方面每单位长度的力 $\bar{p}$, 也就是

195　　年　　月　　日　　　　中國科學院 力學研究所

$$\bar{p} = \int_{-h}^{\zeta} (p - p_0)\, dz$$

我们也果用以对 已经得到的压力公式，那么

$$\bar{p} = \frac{\rho g}{2}(\zeta + h)^2 = \frac{g}{2\rho}\bar{\rho}^2$$

所以这个公式中，也果我们以 $\bar{p}$ 为"压力"，而 $\bar{\rho}$ 为密度，那么它就是一个等熵过程的方程式，而 $x = 2$。也就是我们的"气体"是一个 $x = 2$ 的气体。现在连续方程变成

$$\frac{\partial}{\partial x}(\bar{\rho}\, v_x) + \frac{\partial}{\partial y}(\bar{\rho}\, v_y) = -\rho \frac{\partial \zeta}{\partial t}$$

但是因为 h 不随时间 t 而变，

$$\rho \frac{\partial \zeta}{\partial t} = \frac{\partial \bar{\rho}}{\partial t}$$

所以连续方程成为

$$\frac{\partial \bar{\rho}}{\partial t} + \frac{\partial}{\partial x}(\bar{\rho}\, v_x) + \frac{\partial}{\partial y}(\bar{\rho}\, v_y) = 0$$

这就完全和气动力学中的连续方程一样了。

两个运动方程式也可以换写作

$$\bar{\rho}\left(\frac{\partial v_x}{\partial t} + v_x \frac{\partial v_x}{\partial x} + v_y \frac{\partial v_x}{\partial y}\right) = -\rho g(\zeta + h)\frac{\partial \zeta}{\partial x} = -\frac{\partial \bar{p}}{\partial x} + \bar{\rho}\frac{\partial}{\partial x}g$$

$$\bar{\rho}\left(\frac{\partial v_y}{\partial t} + v_x \frac{\partial v_y}{\partial x} + v_y \frac{\partial v_y}{\partial y}\right) = -\rho g(\zeta + h)\frac{\partial \zeta}{\partial y} = -\frac{\partial \bar{p}}{\partial y} + \bar{\rho}\frac{\partial}{\partial y}g$$

也果 h 是一个字数，也就是说静水是等深的，那么 $\frac{\partial g}{\partial x} = \frac{\partial g}{\partial y} = 0$，因而在"等深"水中，

$$\bar{\rho}\left(\frac{\partial v_x}{\partial t} + v_x \frac{\partial v_x}{\partial x} + v_y \frac{\partial v_x}{\partial y}\right) = -\frac{\partial \bar{p}}{\partial x}$$

$$\bar{\rho}\left(\frac{\partial v_y}{\partial t} + v_x \frac{\partial v_y}{\partial x} + v_y \frac{\partial v_y}{\partial y}\right) = -\frac{\partial \bar{p}}{\partial y}$$

而且

$$\frac{d\bar{p}}{d\bar{\rho}} = \frac{g}{\rho}\bar{\rho} = g(\zeta + h) = c^2$$

这也符合气动力学的规律。所以如果 $h =$ 字数，那么我们就可以说水面的运动与气体（$x = 2$）的运动相似。

195　年　　月　日　　　　　中國科學院
力學研究所

由于这种深水中运动学与气动力学问题的相似性，我们可以用一切用来解决二元气动力学的计算方法，把它全下应用到深水问题方面来。我们可以说如果 $v^2 < g(h+z)$，那么我们有亚临界速度流（亚声速度），如果 $v^2 > g(h+z)$，那么我们有超临界速度流。在每一个流型中，我们可以应用相应的亚声速或超声速方法。象特微线方法等。

自然，我们在分析具体的浅水问题中，也必需认识到我们的分析並沒有考虑到液体的粘性，所以在上述的方法中並沒有出现水底的固边界层以及底摩擦力。如果水深太小了，小到接近底边界层的厚度，那就有问题了，那就不能用上面的方法。如果水不太深，我们还能在我们的方程式中加入水底阻力来補正不足。

高速气流的水流模型

因为二元气动力学的问题有上述浅水流的模型，有许多二元气动力学的问题就可以用水槽来作模似实验。产生水流的加速是用泵把水打入水槽，水槽起始的一头有一个形似拖 Laval 喷口的槽，从而得到超临界速度流。在此以后就是槽宽不改了，不过为了保持水流速度，槽底略下倾，以用重力来拟消槽底阻力。模型是一个柱形体。

我们利用这个模型是十分方便的，因为如果实验段的一般水深是 5 厘米，那么 $c = \sqrt{9.8 \times 0.05} = 0.70$ 米/秒，就是 $M = 4$ 的水流也不过 2.80 米/秒的流速，是很容易做到的。所以水槽模型是很有用的。但是我们也必需注意到下面的几个问题：

1. $\kappa = 2$，而不是气体的 1.3–1.4；用此模似不很准。

2. 水深不能太浅，浅固可以因 c 小而减小流速，但边界层的影响太大。

3. 而水深了，速度必需加大，才能滿足浅水假设的条件

4. 流型的细微变化是小尺寸的变化，浅水近似不够准。

（在宽度变化上）　超声速

（为定常运动）

5　　　　　　　10

195　年　月　日　　　　　中國科學院
力學研究所

所以总的说来，水槽模型只是气动力问题的定性实验，而不是定量的实验。

我们也看到，如果在水槽的模拟中，令 $\frac{\partial u}{\partial z}=0$，$\frac{\partial u}{\partial y}=-\bar{g}$，$\bar{g}$ 是动力常数，那么

$$\rho\left(\frac{\partial v_x}{\partial t}+v_x\frac{\partial v_x}{\partial x}+v_y\frac{\partial v_x}{\partial y}\right)=-\frac{\partial p}{\partial x}-$$

$$\rho\left(\frac{\partial v_y}{\partial t}+v_x\frac{\partial v_y}{\partial x}+v_y\frac{\partial v_y}{\partial y}\right)=-\frac{\partial p}{\partial y}-\bar{g}\rho$$

所以如果水槽的底不是平的，而是倾向 y 向倾下，坡度是 $-\bar{g}$，那就有了重力作用了。这是浅水模拟的又一应用。

特徵線解法

现在把问题简化，只考虑一元运动，那么我们只有一个运动方程，只有一个分速度 $v=v_x$，

$$\frac{\partial v}{\partial t}+v\frac{\partial v}{\partial x}=-g\frac{\partial \zeta}{\partial x}$$

连续方程是

$$\frac{\partial}{\partial x}\left[v(\zeta+h)\right]=-\frac{\partial \zeta}{\partial t}$$

$$c^2=g(\zeta+h)$$

因此

$$2c\frac{\partial c}{\partial x}=g\frac{\partial \zeta}{\partial x}+g\frac{\partial h}{\partial x}, \qquad 2c\frac{\partial c}{\partial t}=g\frac{\partial \zeta}{\partial t}$$

所以上面的运动方程就能改写作

$$\frac{\partial v}{\partial t}+v\frac{\partial v}{\partial x}+2c\frac{\partial c}{\partial x}-\frac{dH}{dx}=0, \qquad H=gh \qquad (1)$$

而连续方程就成为

$$\frac{\partial}{\partial x}\left[vc^2\right]=-g\frac{\partial \zeta}{\partial t}, \qquad 2vc\frac{\partial c}{\partial x}+c^2\frac{\partial v}{\partial x}+2c\frac{\partial c}{\partial t}=0$$

即

$$2\frac{\partial c}{\partial t}+2v\frac{\partial c}{\partial x}+c\frac{\partial v}{\partial x}=0 \qquad (2)$$

如果我们把 (1) 和 (2) 相加

$$\frac{\partial}{\partial t}+\left[v+2c\frac{\partial}{\partial x}\right](v+2c)$$

195　年　月　日　　　中國科學院 力學研究所

为了讲诉不太复杂，

现在我们再假设 $\dfrac{dv}{dt}$ = 常数 = m，那么我们可以把 (1) 及 (2) 相加而得到

$$\left\{\dfrac{\partial}{\partial t} + (v+c)\dfrac{\partial}{\partial x}\right\}(v+2c-mt)=0$$

而如果把 (1) 及 (2) 相减，我们就得到

$$\left\{\dfrac{\partial}{\partial t} + (v-c)\dfrac{\partial}{\partial x}\right\}(v-2c-mt)=0$$

从这两个方程，我们看到如果有一条在 x, t 面上的曲线 C_1，在那上面

$$\dfrac{dx}{dt} = v+c \qquad C_1$$

那么在那上面，在 C_1，

$$v+2c-mt = k_1 = 常数$$

同样的，在 C_2 上，

$$\dfrac{dx}{dt} = v-c$$

$$v-2c-mt = k_2 = 常数$$

C_1, C_2 就是所谓特徵线。在 x, t 面上，我们有两组曲线，C_1 及 C_2，在每一条线上，k_1 及 k_2 都是常数。而也为一个在 x, t 上的点，都有一对 k_1, k_2 值，那么我们就能求出这点上的 v 及 c 的数值，也就是 v 及 c 的数值。这就是问题的解了。

那么怎么样才能求得 C_1, C_2 特徵线的图呢？我们在这一类问题里最要研究的是初始条件问题：也就是说在 $t=0$ 的时候，给定了 v 和 c 的值。给了了，从 m、$h(x)$ 就能求 c，可以沿着 x-轴，我们有 v 及 c 的数值。现在在 x-轴上取两个邻近的点，它们之间有一个小距离 δx。让这两点为 1，及 2。

１９５　年　月　日　　　　　　中國科學院
　　　　　　　　　　　　　　　　　　力學研究所

在 1 及 2, 因为 v 及 c 都是知道的, 我们说了可求出 $v+2c-mt=$ ~~正走~~ k_1, 和 $v-2c-mt=k_2$ 的值。要在 1 处画出 C_1, 2 处画出 C_2 是有困难的, 但是如果画出 C_1 或 C_2 的长度不大, C_1 及 C_2 可以用直线来代替, C_1 是 $\frac{dx}{dt}=v+c$, 即用 1 点的 $v+c$, 不致成一小段 C_1 上 v 及 c 的变化。C_2 是 $\frac{dx}{dt}=v-c$, 即用 2 点的 $v-c$, 不致成一小段 C_2 上 v 及 c 的变化。就这样得到 C_1 及 C_2 的交点 5, 在 5 我们知道了 mt, k_1, k_2, 就能从新计算 v 及 c 在 5 点的数值。然后再在 5 从新画 C_1 及 C_2。就这样逐步描出 C_1 及 C_2 的近似曲线, 及各点的近似 v 及 c 数值。自然, 当 δx 愈小, 解也就愈准确。我们可以证明: 当 $\delta x \to 0$, 解就能趋近于正确解。在实际上, 我们往往不要过小的 δx 就能取得足够准确的解, 关要求得的 C_1 及 C_2 比较平滑就行了。

水跃

我們上说的特徵线方法要求 C_1 ~~两条~~ 或两条 C_2 线不相交, 如果交, 那么在交点上 $v+2c$ 或 $v-2c$ 有两个数值, 则就是说在这一点上, v, c 有两二数值, 这是物理所不允许的。这是什么毛病呢? 其实在交点出现的瞬间以前, 水流早已发生了不连续点, 也就是 v 及 c 或 z 的跳跃, 名为水跃。例如, 任何一个波, 波幅一大就会比较快地形成水跃。

我们取一个跟着水走的一对水折面 $x=a_0(t)$ 及 $x=a_1(t)$, 它们之間包含了不连续折面引起。那么连续方程及动量方程为

$$\frac{d}{dt}\int_{a_0(t)}^{a_1(t)} \rho(\bar{z}+h)\,dx=0$$

$$\frac{d}{dt}\int_{a_0(t)}^{a_1(t)} \rho(\bar{z}+h)v\,dx = \int_{-h}^{\zeta_0}(p-p_0)\,dz\bigg|_{x=a_0(t)} - \int_{-h}^{\zeta_1}(p-p_0)\,dz\bigg|_{x=a_1(t)} = \frac{1}{2}g\rho(\zeta_0+h)^2 - \frac{1}{2}g\rho(\zeta_1+h)^2$$

1 9 5　年　月　日　　中國科學院 力學研究所

这里的积分形式那是

$$I = \int_{a_0(t)}^{a_1(t)} \psi(x,t)\,dx$$

而 $\psi(x,t)$ 在 $x=\xi(t)$ 有一个不连续点。积分的微分是

$$\frac{d}{dt}\int_{a_0(t)}^{a_1(t)} \psi(x,t)\,dx = \frac{d}{dt}\int_{a_0(t)}^{\xi(t)} \psi(x,t)\,dx + \frac{d}{dt}\int_{\xi(t)}^{a_1(t)} \psi(x,t)\,dx$$

$$= \int_{a_0(t)}^{a_1(t)} \frac{\partial \psi}{\partial t}\,dx + \psi(\xi_-,t)\dot\xi(t) - \psi(a_0(t),t)v_0 + \psi(a_1(t),t)v_1 - \psi(\xi_+,t)\dot\xi(t)$$

因为如果我们约定其中 $\dot a_0(t)=v_0$, $\dot a_1(t)=v_1$, $\dot\xi = \frac{d\xi}{dt} = $ 不连续面的速度。$\psi(\xi_-,t)$ 是在不连续面左面的 ψ 值，$\psi(\xi_+,t)$ 是在不连续面右面的值。如果我们让 $a_0(t)$ 及 $a_1(t)$ 趋近 $\xi(t)$，那么右方的积分还趋近于零，即

$$\lim_{a_1\to a_0}\frac{dI}{dt} = \psi_1(v_1-\dot\xi) - \psi_0(v_0-\dot\xi) = \psi_1 u_1 - \psi_0 u_0$$

其中 ψ_1 是 ψ 在不连续面之右的值，ψ_0 是在不连续面之左的值，即

$$\begin{cases} u_1 = v_1 - \dot\xi \\ u_0 = v_0 - \dot\xi \end{cases}$$ (3)

我们利用这一个公式，就得到

$$\varsigma(\xi_1+h)u_1 - \varsigma(\xi_0+h)u_0 = 0 \qquad\text{——(4)}$$

$$\varsigma(\xi_1+h)u_1 v_1 - \varsigma(\xi_0+h)u_0 v_0 = \frac{1}{2}\varsigma g(\xi_0+h)^2 - \frac{1}{2}\varsigma g(\xi_1+h)^2 \qquad\text{(5)}$$

如果给定了 v_0 及 $\dot\xi$, ξ_0, 及 h; 上面四个方程就能求出四个未知数 v_1, u_1, ξ_1, u_0 的值。我们也可以利用第一个方程来简化第二个方程，把它写作

$$\varsigma(\xi_0+h)u_0(u_1-u_0) = \frac{1}{2}\varsigma g(\xi_0+h)^2 - \frac{1}{2}\varsigma g(\xi_1+h)^2 \qquad\text{(6)}$$

(4)和(6)就是给定了 u_0 及 ξ_0 后的定 u_1 及 ξ_1 的两个方程。

　(4)和(6)也可以写作

$$\bar{\rho}_1 u_1 = \bar{\rho}_0 u_0 = m, \qquad m(u_1 - u_0) = \bar{p}_0 - \bar{p}_1 \qquad \text{每秒} \qquad ——1)$$

m 就是每单位通水洞长度的质量流量。第二个方程是说）动量的增加是由于力的作用。

16)式也可以写成

$$\rho(\zeta_0 + h) u_0^2 \left(1 - \frac{u_1}{u_0}\right) = \frac{1}{2}\rho g(\zeta_0 + h)^2 \left[\left(\frac{\zeta_1 + h}{\zeta_0 + h}\right)^2 - 1\right]$$

或用 (4)式写作

$$u_0^2 \left[1 - \frac{\zeta_0 + h}{\zeta_1 + h}\right] = \frac{1}{2} c_0^2 \left[\left(\frac{\zeta_1 + h}{\zeta_0 + h}\right)^2 - 1\right]$$

也就是

$$\left(\frac{\zeta_1 + h}{\zeta_0 + h}\right)^2 + \left(\frac{\zeta_1 + h}{\zeta_0 + h}\right) - 2\left(\frac{u_0}{c_0}\right)^2 = 0$$

所以 $\dfrac{u_0}{u_1} = \left(\dfrac{\zeta_1 + h}{\zeta_0 + h}\right) = -\dfrac{1}{2} + \sqrt{2\left(\dfrac{u_0}{c_0}\right)^2 + \dfrac{1}{4}} = \dfrac{\bar{\rho}_1}{\bar{\rho}_0} > 1,$ 如果 $\dfrac{u_0}{c_0} > 1$

如果 $\dfrac{u_0}{c_0} > 1,$

因此在水洞后面的水高是总比水洞剖面的水高大，也就是说诚（也是洗"。我们也看到不管 u_0/c_0 是什么数值，水洞剖面都是子心发生水洞的。这看法与气体的流动不同，在气流管，类似水跃的溷波只有在超声速才能发生。但是到底 $\dfrac{u_0}{c_0}$ 是大于1还是小于1呢，仍旧还需研究

研究水洞中能的变化。

E 现在我们来计算一下水洞中能的变化，我们只是研究机械能的变化，我们还是建以动的水洞

$$\frac{dE}{dt} = \frac{d}{dt}\int_{a_0(t)}^{a_1(t)}\left[\rho(\zeta + h)\frac{v^2}{2} + \frac{\rho g}{2}(\zeta + h)^2\right]dx + \int_{-h}^{\zeta_1}(p - p_0)v_1\,dz\Big|_{x=a_1(t)} - \int_{-h}^{\zeta_0}(p - p_0)v_0\,dz\Big|_{x=a_0(t)}$$

我们让 $a_0 \to a_1,$

$$\frac{dE}{dt} = \frac{1}{2}\bar{\rho}_1 v_1^2 u_1 - \frac{1}{2}\bar{\rho}_0 v_0^2 u_0 + \bar{p}_1 u_1 - \bar{p}_0 u_0 + \bar{p}_1 v_1 - \bar{p}_0 v_0$$

$$= \frac{1}{2}m(v_1^2 - v_0^2) + \bar{p}_1 u_1 - \bar{p}_0 u_0 + \bar{p}_1 v_1 - \bar{p}_0 v_0 \qquad \checkmark$$

如果我们 1) 式乘上 $\bar{\zeta},$

$$m(u_1 - u_0)\bar{\zeta} = \bar{p}_0 v_0 - \bar{p}_0 u_0 - \bar{p}_1 v_1 + \bar{p}_1 u_1$$

把上面两个公式相减，我们得到

195　年　　月　　日

中國科學院
力學研究所

$$\frac{dE}{dt} = \frac{1}{2}m(v_1^2 - v_0^2) + m(u_1 - u_0)\dot\xi + 2\bar{p}_1 u_1 - 2\bar{p}_0 u_0$$

$$= \frac{1}{2}m(u_1 - u_0)(v_1 + v_0) - \frac{m}{2}(u_1 - u_0)(v_1 - u_1) - \frac{m}{2}(u_1 - u_0)(v_0 - u_0) + 2\bar{p}_1 u_1 - 2\bar{p}_0 u_0$$

$$= m\left[\frac{1}{2}(u_1^2 - u_0^2) + 2\left(\frac{\bar{p}_1}{\rho_1} - \frac{\bar{p}_0}{\rho_0}\right)\right]$$

但是

$$u_1 = \frac{m}{\rho_1}, \quad u_0 = \frac{m}{\rho_0}, \quad \bar{p}_1 = \frac{g}{2\rho}\bar{\rho}_1^2, \quad \bar{p}_0 = \frac{g}{2\rho}\bar{\rho}_0^2$$

所以

$$\frac{dE}{dt} = m\left[\frac{m^2}{2}\left(\frac{1}{\rho_1^2} - \frac{1}{\rho_0^2}\right) + \frac{g}{\rho}(\bar{\rho}_1 - \bar{\rho}_0)\right]$$

而由 I)

$$m^2 = \frac{\bar{p}_0 - \bar{p}_1}{\frac{1}{\rho_1} - \frac{1}{\rho_0}} = \frac{g}{2\rho} \frac{\bar{\rho}_0^2 - \bar{\rho}_1^2}{\frac{1}{\rho_1} - \frac{1}{\rho_0}}$$

因而

$$\frac{dE}{dt} = \frac{mg}{\rho}\left[\frac{1}{4}(\bar{\rho}_0^2 - \bar{\rho}_1^2)\left(\frac{1}{\rho_1} + \frac{1}{\rho_0}\right) + \bar{\rho}_1 - \bar{\rho}_0\right] = \frac{mg}{\rho} \frac{(\bar{\rho}_0 - \bar{\rho}_1)^3}{4\bar{\rho}_1\bar{\rho}_0} < 0$$

这是因为 $\rho_1/\rho_0 > 1_g$ 由此看来，经过水跃机械能是损失了，而损失了的机械能变成热了。这个过程可以通过水跃中的涡流来理解：水跃产生涡流，涡流逐渐由于粘性耗传的而变成热。如果 $\rho_1/\rho_0 < 1$，那么机械能将被产生出来，这就没有道理了，因此 $\rho_1/\rho_0 > 1$。那么由上面的公式 $\frac{v_0}{c} > 1$，也就是说水跃前的水流必须是超临界速度的！

195 年 月 日　　中國科學院 力學研究所

第六讲

河道和明渠中的流动

我們先来建立计祘河道和明渠中流动的一般基本方程:

如果在时间 t 瞬间, 自由水面位置为 $a-a$, 在 $t+\Delta t$ 时, 位置是 $b-b$。在水流中取画断面 $1-1$ 和 $2-2$ 间的一段来攷虑。这世个断面

相隔一个极小的距离 dx, 现在来计祘在时间 Δt 里这个流段中的流量的变化。设 Q 为流量, ω 为断面。

在时间 Δt 里, 画过断面 $1-1$ 流世界论流段的水量是 $Q\Delta t$, 而流世的是 $(Q+\frac{\partial Q}{\partial x}dx)\Delta t$, 故净流入量为 $-\frac{\partial Q}{\partial x}dx\Delta t$。而水量在流段里的贮积变化在 $\frac{\partial \omega}{\partial t}\Delta t\,dx$。所以连续方程式是 ε *（在流入的时候，我们的假定就是沒有函这的。*

$$\frac{\partial \omega}{\partial t} + \frac{\partial Q}{\partial x} = q$$

（的作用）　（渗透損耗）

其中 q 就是单位时间里在单位河道长度中流入河道的水量,如果是渗漏, q 就是負的。如果 V 是断面中的平均速度, 那么 $Q=V\omega$; 而且 $\frac{\partial \omega}{\partial t}=B\cdot\frac{\partial z}{\partial t}$, B 是 t 瞬间在 $1-1$ 断面的顶宽。因而连续方程式也可以写作:

$$\boxed{B\frac{\partial z}{\partial t} + \frac{\partial(\omega V)}{\partial x} = q} \qquad (1)$$

在矩形河槽的情况下, $\omega=Bh$, 这里 h 是水流涤度。因此, 在这个情况里,

$$\frac{\partial h}{\partial t} + \frac{\partial(hV)}{\partial x} = q/B$$

195　年　月　日　　中國科學院　力學研究所

現在我們来研究运动方程式，設水流断面的宽度 b 由水深的某種

函数来决定，就是：

$$b = f(\xi)$$

ξ 是沿着垂直于 x 軸的方向計祘的，並在 $0 \le \xi \le \eta$ 的范围内变化，η 為 $1-1$ 面的水深。那么

$$\omega = \int_0^\eta f(\xi)\,d\xi$$

在断面 $1-1$ 上的总的水压力 P，也是用淺水的近似，

$$P = \rho g \cos\theta \int_0^\eta (\eta - \xi) f(\xi)\,d\xi$$

其中 θ 為河底線对水平的倾角。因為 θ 小，$\cos\theta \approx 1$，所以

$$\frac{\partial P}{\partial x} = \rho g \frac{\partial \eta}{\partial x} \cdot \int_0^\eta f(\xi)\,d\xi = \rho g \omega \cdot \frac{\partial \eta}{\partial x}$$

故在 dx 一段里作用的合力是

$$\frac{\partial P}{\partial x} dx = \rho g \cdot \omega \cdot \frac{\partial \eta}{\partial x} dx$$

摩阻力的計祘是以运定常流情况下，由实驗或观察得来的，即

$$+ F = \tau \chi$$

而 τ 為剪力，χ 為湿周。我們在引用定常流的資料时，我们的假定是：

河流中不定常流，如水深的加减，一般较慢，即比在水断面中的水流型的建立要慢，因此 F 在每一瞬间都可以称为是已经调整了的不定常流的数值。

重力的纵向分力是 $+ \rho g \omega dx \cdot \sin\theta$

惯性力为 $\rho \omega dx \cdot \left[\frac{\partial V}{\partial t} + V \frac{\partial V}{\partial x}\right]$.

所以

$$\rho \omega \left[\frac{\partial V}{\partial t} + V \frac{\partial V}{\partial x}\right] = - \frac{\partial x}{\partial x} + \rho g \omega \sin\theta - \rho g \omega \cdot \frac{\partial \chi}{\partial x}$$

也就是说

$$\sin\theta - \frac{\partial x}{\partial x} = \frac{1}{g}\left[\frac{\partial V}{\partial t} + V \frac{\partial V}{\partial x}\right] - \frac{\tau}{\rho \omega g} \chi = 0$$

这就是运动方程式了。

我们一般研究 θ 很小的情况，也就是 $\sin\theta \simeq \tan\theta = i$，所以运动方程式也可以写作是

$$\boxed{i - \frac{\partial x}{\partial x} = \frac{1}{g}\left[\frac{\partial V}{\partial t} + V \frac{\partial V}{\partial x}\right] + \frac{\tau}{\rho \omega g} + \frac{\partial V}{\omega g}}$$ (Ⅲ)

当我们知道了水深后，我们就可以去求 V 及 ω，所以连续方程及运动方程是可以看为 χ 及 V 的两个联立一次微分方程式。给定的是 i 及 τ。

解这两个方程的最一般方法是用数值积分，尤其是用电子计算机来进行计算时为有效。这样我们就可以用几十分钟的时间来予报十天的洪水或潜流情况，是现代水利工作中很重要的一个工作。用数值积分也就是说我们用(Ⅱ)及(Ⅲ)两个方程，不加简化，也就是非线型的方程。另一个方法就是先地(Ⅱ)及(Ⅲ)两个方程从微干扰的角度来线型化，这样数学的分析就大大地简化，但是理论的有效应用只限于潮流的小干扰，如水电站一日中负荷大小变化对下游水位的变化等问题。我们不打算在这里讨论这种线型微干扰理论，它在 Yeproycoв 的"水力学专门教程"下册中有详细的描述，读者可以参阅。我们在这里只讨论非线型的问题。

１９５　年　　月　　日　　中國科學院　力學研究所

定常流、余流问题

我们先说一个非常简单的情况，那就是当不论河床的断面形状、流量、流速及水深都不以时间及 x 而变，一切都是常数。在这样的情况下，q 是零，而 (II) 给定 $i = \tau \chi / \rho g \omega = \tau / \rho g R$，$R$ 是"水力半经" $(= \omega / \chi)$。这就是说 i 必需是常数，而水深、流速等都可以由这个方程求出。$\tau \chi$ 与流速及其它水力因素的关系一般是用半经验公式，也就是因为如此，所以公式有好几个，繁简不同。我们常用的有两个：一个是比较简单的 Chézy 公式

$$\tau \chi = \rho g \omega \cdot \frac{\gamma^2 V}{g R} i = \rho g \omega \frac{\gamma^2 V M}{g R}$$

其中 γ 是无量纲的粗糙度系数。另一个常用的公式是 Manning 公式，

$$\tau \chi = \rho g \omega \frac{\gamma^2 V M}{\gamma R^{1/3}}$$

而 γ 是一个有量纲的粗糙度系数。

现在我们用 Manning 公式来研究在矩形河道床中的定常流，$q = 0$。这样连续方程式是

$$\frac{d(yV)}{dx} = 0, \qquad yV = D, \qquad V = \frac{D}{y}$$

而运动方程式就成为

$$g\left(i - \frac{dy}{dx}\right) = \frac{D}{y}\left(-\frac{D}{y^2}\right)\frac{dy}{dx} + g\frac{M^2}{y^2}g\frac{D^2}{y^2}\frac{1}{\left\{\frac{y}{1+2y/B}\right\}^{4/3}}$$

也可以写作

$$\left(g - \frac{D^2}{y^3}\right)\frac{dy}{dx} + g\left\{\frac{D^2}{\gamma y^2}\frac{1}{\left\{\frac{y}{1+\frac{2y}{B}}\right\}^{4/3}} - i\right\} = 0$$

这首先表明了，如果

$$\frac{D^2}{\gamma i} = y^2\left\{\frac{y}{1+\frac{2y}{B}}\right\}^{4/3}$$

而同时 $g \neq \frac{D^2}{y^3}$，那么水深就不因 x 而变，也就是平稳的定常流。

1 9 5　年　月　日　　　中國科學院　力學研究所

什么时候，$q - \frac{D^2}{y^3}$ 会等于零呢？看得出是，可是说 $qy = V^2$，但是 $qy = c^2$ 也就是说河道中的流速等于渡速。在一般河道中，这是不会达到的，也就是说而或河道中的流速一般是亚临界速度的。

上面的这域方程式3.13极分有 如果我们假设 i 是常数，

$$x = \int_{y_0}^{y} \frac{q - \frac{D^2}{y^3}}{\left\{ i - \frac{D^2}{\gamma y^2 \left[\frac{y}{1+\frac{2y}{B}}\right]^{4/3}} \right\}} \, dy$$

当 $y = y_0$ 的时候，$x = 0$。我們来研究一下，也就 $y = y^* + \varepsilon$ 的时候，x 当是什么？ 而 y^* 是平行的定常流的 y，也就是说

$$\frac{D^2}{\gamma i} = y^{*2} \left[\frac{y^*}{1+\frac{2y^*}{B}}\right]^{4/3}$$

代们有 $dy = + d\varepsilon$,

$$q - \frac{D^2}{y^3} = q - \frac{D^2}{(y^*+\varepsilon)^3} = q - \frac{D^2}{y^{*3}(1+\frac{\varepsilon}{y^*})^3} = q - \frac{D^2}{y^{*3}}\left\{1 - 3\frac{\varepsilon}{y^*}\cdots\right\} = q - \frac{D^2}{y^{*3}} + 3\frac{D^2\varepsilon}{y^{*4}} > 0$$

而

$$\left[i - \frac{D^2}{\gamma y^2 \left[\frac{y}{1+\frac{2y}{B}}\right]^{4/3}} \right]^{-1} = i^{-1}\left[1 - \frac{D^2}{\gamma i \, y^{*2}\left(1+\frac{\varepsilon}{y^*}\right)^2} \frac{(y^*+\varepsilon)^{4/3}}{\left[1+\frac{2(y^*+\varepsilon)}{B}\right]} \right]^{-1}$$

$$= i^{-1}\left[1 - \frac{\left(\frac{y^*}{1+\frac{2y^*}{B}}\right)^{4/3}}{\left(1+\frac{\varepsilon}{y^*}\right)^2 \left[\frac{y^*(1+\frac{\varepsilon}{y^*})}{1+\frac{2y^*(1+\frac{\varepsilon}{y^*})}{B}}\right]^{4/3}} \right]^{-1} = i^{-1}\left[1 - \frac{1}{\left(1+\frac{\varepsilon}{y^*}\right)^2} \left[\frac{1+\frac{\varepsilon}{y^*}}{1+\frac{2}{B(1+\frac{2y^*}{B})}\varepsilon}\right]^{4/3} \right]^{-1}$$

$$= i^{-1}\left[1 - \left(1 - 2\frac{\varepsilon}{y^*}\cdots\right)\left(1 - \frac{4}{3}\frac{\varepsilon}{y^*}\cdots\right)\left(1 + \frac{4}{3}\frac{2}{B(1+\frac{2y^*}{B})}\varepsilon\cdots\right) \right]$$

$$= i^{-1}\Theta\left[2\frac{1}{y^*} + \frac{4}{3}\frac{1}{y^*} - \frac{8}{3}\frac{1}{B+2y^*} \right]^{-1}\frac{1}{\varepsilon} = i^{-1}\left[\frac{10}{3}\frac{1}{y^*} - \frac{8}{3}\frac{1}{B+2y^*} \right]^{-1}\frac{1}{\varepsilon}$$

用 如果为. $B > 0$. 而为. $i > 0$，则以. ．　．　．

195　年　月　日　　中國科學院　力學研究所

$$x-x_* = -\alpha \int \frac{dy}{\theta}, \quad \frac{1}{\theta} \approx \frac{C}{\varepsilon} \ln(\varepsilon)$$

因此如果我们设 θC 为一个正的常数，那么在 $y = y^*$ 附近，上式里的积分于是 C/ε 的形式。这就是说无论我们从 y 小于 y^*（ε 为负）或从 y 大于 y^*（ε 为正），而逐断趋近于 y^*，x 都趋向 $-\infty$。这就是说沿着流向来说，河道中的水深只能从 y^* 走向 $y \neq y^*$，而不能从 $y \neq y^*$ 走向 y^*。

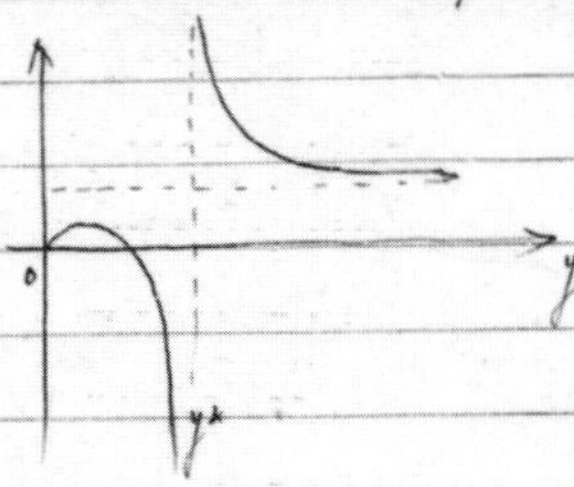

这一个重要的结论是用 Manning 的公式等演绎得来的，但其实问题的中心不是阻力公式而是在河床中，如果我们在一定流量下，增加水深 y，$\frac{2u}{cwg}$ 是加大了还是减小了？问题是如果叫 Λ 为

$$\Lambda = i - \frac{2u}{cwg}$$

在一定 D 之下，随由于 y 的增加，是正的，还是负的。我们可以看得出来，在一定 D 之下，y 增加则 V 减，故 u 是减小了。但 y 加则 ω 加大，所以如果 y 从 y^* 增加，Λ 是正的，而且如果 $y = y^* + \varepsilon$，$\Lambda = C\varepsilon$，C 为正常数。所以我们看到前面的结论是带有一般性的。

我们从这一个结论得到有关两支流合成一股主流，即合流问题的定性解答：因为两支流在汇合之前要有同一水深，但两支流的 y^* 一般不一样，叫做是 y_1^*, y_2^*, 而合流后的 y^* 即 y_3^* 也不见得等于 y_1^* 或 y_2^*。我们上面的分析使不许 y 变化，那么只有 y_1 及 y_2 变化的一个可能。也就是说如图所示的合流附近水深的变化。

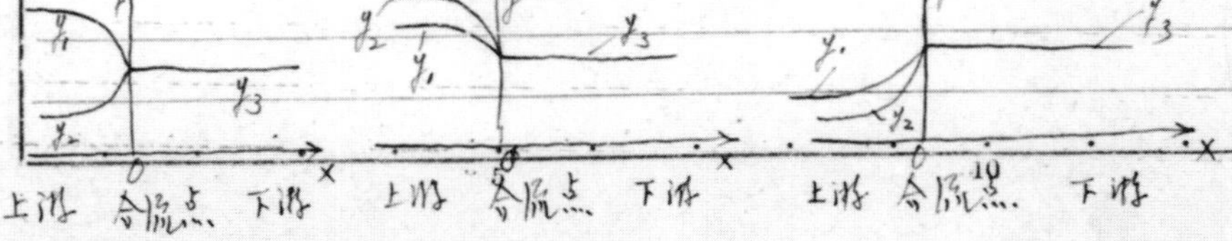

上游　合流点　下游　　上游　合流点　下游　　上游　合流点　下游

1 9 5　年　　月　　日　　　　　　中國科學院
力學研究所

~~狂流圆柱~~ 讲章 不定常流.

我們还是研究矩形均适中的不定常流; $g=0$；连续方程为

$$\frac{\partial y}{\partial t} + \frac{\partial (yV)}{\partial x} = 0$$

运动方程为:

$$g\left(i - \frac{\partial y}{\partial x}\right) = \frac{\partial V}{\partial t} + V\frac{\partial V}{\partial x} + \frac{\tau X}{\varsigma \omega}$$

而如果我们用 Manning 公式，那么

$$\frac{\tau X}{\varsigma \omega} = g\frac{V^2 \mathcal{N}}{\gamma\left(\frac{y}{1 + \frac{2y}{B}}\right)^{4/3}}$$

所以运动方程是

$$g\left[i - \frac{\partial y}{\partial x} - \frac{V^2 |V|}{\gamma\left(\frac{y}{1 + \frac{2y}{B}}\right)^{4/3}}\right] = \frac{\partial V}{\partial t} + V\frac{\partial V}{\partial x}$$

现在我们设不定常流为一个以 u 速度向 x-向进行的波，即 y 及 V 是 $\zeta = x - ut$ 的函数而不是单独的 x 及 t 的函数。那么

$$\frac{\partial}{\partial t} = -u\frac{d}{d\zeta}; \quad \frac{\partial}{\partial x} = \frac{d}{d\zeta}$$

所以 ~~连续方程是~~

$$(V-u)\frac{dy}{d\zeta} + y\frac{dV}{d\zeta} = 0, \quad 或 \quad \frac{d}{d\zeta}[y(V-u)] = 0$$

而运动方程是

$$g\left[i - \frac{V|V|}{\gamma\left(\frac{y}{1+\frac{2y}{B}}\right)^{4/3}}\right] = -u\frac{dV}{d\zeta} + V\frac{dV}{d\zeta} = -u\frac{dV}{d\zeta} + (V-u)\frac{dV}{d\zeta}$$

我们从连续方程得到

$$y(V-u) = \mathcal{Q},$$

因而

$$V - u = \frac{\mathcal{Q}}{y}, \qquad V = \frac{\mathcal{Q}}{y} + u$$

$$\frac{dV}{d\zeta} = -\frac{\mathcal{Q}}{y^2}\frac{dy}{d\zeta}$$

所以运动方程 ~~终于~~ 于是可以写作

$$\left(g - \frac{\mathcal{Q}^2}{y^3}\right)\frac{dy}{d\zeta} = g\left[i - \frac{\left(\frac{\mathcal{Q}}{y} + u\right)\left|\frac{\mathcal{Q}}{y} + u\right|}{\gamma\left(\frac{y}{1 + \frac{2y}{B}}\right)^{4/3}}\right]$$

7

195　年　　月　　日　　中國科學院 力學研究所

因而我们可以把积分写作

$$\zeta = \frac{1}{\gamma}\int_{y^*}^{y}\frac{\left\{g - \frac{g^2}{\eta^3}\right\}d\eta}{i - \frac{\left(\frac{g}{\eta}+u\right)|\frac{g}{\eta}+u|}{\gamma\left(\frac{\eta}{1+\frac{2\eta}{B}}\right)^{4/3}}} = \frac{1}{\gamma}\int_{y^*}^{y}\frac{\left(g-\frac{g^2}{\eta^3}\right)d\eta}{i - \frac{(g+u\eta)|g+u\eta|}{\gamma\eta^2\left(\frac{\eta}{1+\frac{2\eta}{B}}\right)^{4/3}}} = \frac{1}{\gamma}\int_{y^*}^{y}Z(\eta)d\eta$$

在 $y = y^*$ 时，$\zeta = 0$.

我们研究积分子的情况：$g - \frac{g^2}{\eta^3}$ 一般是不会等于零的，如果是零，那就是说

在实际出现的水深中是永远不(成)的

$$(V-u)^2 = \frac{g}{y^*}$$

我们由具体计算知道而且 $\frac{g}{y}$ 是员的，

也就是说 V 是大于临界速度，这一般不会出现。如果是分母上等于零的而且是分母等于零，我们如果把积分子计算出来，我们会发现如下面的情况↓可见得当 y 从 y^* 逐渐减到 y_0，ζ 从 $-\infty$ 到 0，然后再到 $+\infty$。因此波形是

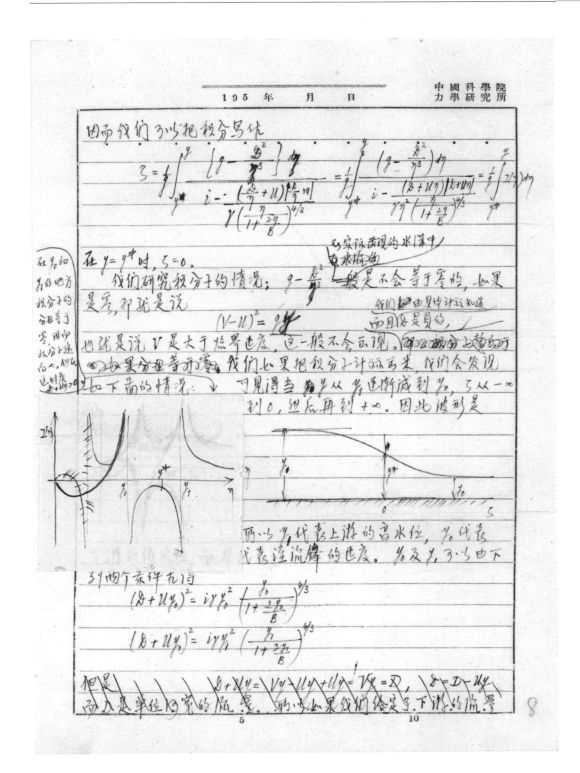

两以 y_0 代表上游的高水位，y^* 代表代表洪流锋的速度。y_0 及 y^* 可以由下列两个条件求得

$$(g+uy_0)^2 = i\gamma y_0^2\left(\frac{y_0}{1+\frac{2y_0}{B}}\right)^{4/3}$$

$$(g+uy_0^*)^2 = i\gamma y_0^{*2}\left(\frac{y_0^*}{1+\frac{2y_0^*}{B}}\right)^{4/3}$$

但是 $g + uy = Vy - uy + uy = Vy = R$，$g = D - uy$

而 u 是单位时常的流量，两以如果我们给定了下游的流量

8

中國科學院
力學研究所

这两个方程子以分化

从（13.9）中我们为是给定了 x_1 及 x_2，去求 z_1 和 u 的方程。但其实我们所须为为 求 u。

$$u = \sqrt{\frac{2V}{y_1 - y_0}} \left\{ y_1 \left(1 + \frac{y_0}{B}\right) - y_0 \left(1 + \frac{y_1}{B}\right)\right\}$$

这是一个很重要的结果：因为 i 一般很小，所以计算出来的 u 比浅水波的速度要小得多，一般 u 只有波速的几四几分之一，也就是说由于河床的阻力作用，洪流峰不能以浅水波的速度出行，而是大大地减慢了。但是我们也知道总是更的，也就是说 u 一定大于 V，峰也大于流速。

特徵线法

在矩形河道中的两个基本方程是：

$$\frac{\partial y}{\partial t} + V\frac{\partial y}{\partial x} + y\frac{\partial V}{\partial x} = 0$$

$$\frac{\partial V}{\partial t} + V\frac{\partial V}{\partial x} + g\frac{\partial y}{\partial x} = g\left[i - \frac{V^2|V|}{Y\left(\frac{y}{1+\frac{2y}{B}}\right)^{4/3}}\right]$$

但是 $gy = c^2$，c 是浅水波的速度，那么

$$c\frac{\partial V}{\partial x} + 2V\frac{\partial c}{\partial x} + 2\frac{\partial c}{\partial t} = 0$$

$$2c\frac{\partial c}{\partial x} + \frac{\partial V}{\partial t} + V\frac{\partial V}{\partial x} = g\left[i - \frac{V^2|V|}{Y\left(\frac{y}{1+\frac{2y}{B}}\right)^{4/3}}\right]$$

把这两个方程加起来，我们得到

$$2\left\{(c+V)\frac{\partial}{\partial x} + \frac{\partial}{\partial t}\right\}c + \left\{(c+V)\frac{\partial}{\partial x} + \frac{\partial}{\partial t}\right\}V = g\left[i - \frac{V|V|}{Y\left(\frac{y}{1+\frac{2y}{B}}\right)^{4/3}}\right] = E$$

把这两个方程相减，

$$-2\left\{(c+V)\frac{\partial}{\partial x} + \frac{\partial}{\partial t}\right\}c + \left\{(-c+V)\frac{\partial}{\partial x} + \frac{\partial}{\partial t}\right\}V = g\left[i - \frac{V^2|V|}{Y\left(\frac{y}{1+\frac{2y}{B}}\right)^{4/3}}\right] = E$$

这也就是说 $V+2c$ 沿着 $\frac{dx}{dt} = V+c$ 曲线的变化率是 E；而 $V-2c$ 沿着 $\frac{dx}{dt} = V-c$ 线的变化率是 E。所以知道了初流情况，我们利用 $\frac{dx}{dt} = V+c$ 线，即 C_1 特徵线和 $\frac{dx}{dt} = V-c$，即 C_2 特徵线的两

因为 $b+iy$ 或 $b-iy$，却总为大于 0。

增进

9

195　年　月　日　　中國科學院　力學研究所

来进行逐步的数值积分。这就是特微线法。但在具体计算上，我们必需注意到一般经流锋的进行速度是比洪水波小得多，有一大段洪水波已经走世的地方水深增加很小。因此在计算过程必需作适当的修改。仔细的地方可以参看专门讨论这类问题的书。）这个方法特别在研究两个支流汇合时，由于一个支流有经流所引起的另一支流涨水问题中有用。

（如 В.А. Архангельский 的 "河渠中不稳定流动的计算方法"）

195 年 月 日　　中國科學院 力學研究所

第七讲

空泡、空蚀现象

在研究液体的运动中，我們也不能够忘掉液体在一定条件下是可以变成气体的。就是液体及气体之間有一定的轉換条件，这个轉換的条件是一定温度下的物質汽压。如果液体的压力高于汽压，那么液体是穩定的，而它不会变成蒸汽；如果液体的压力低于汽压，那么液体是不穩定的，它会从液体变成蒸汽。这个汽压随着温度的昇高而加大。就以水为例，在室温下，这个压力很小，在15°C时是0.0169个大气压。但在100°C时，因为是水的沸点，汽压就是一个大气压了。

那么我們就要問：当液体在运动中，如果有一部分的静压力因速度的增加，照Bernoulli定理降低到相应于液温的汽压时，什么现象会发生？我們知道在流动中，最低的压力，也就是最高速度往往出现于固体的表面，我们的观察发现在表面压力降至汽压时，液体里面发生许多气泡。这些气泡在低压区的前端发生，顺着一般液体下流。如果低压区很小，气泡从新进入高压区以后，也就是当气泡周围压力上昇到汽压以上之后，气泡又以很快的速度收缩而消灭。在外貌上看，表面上的低压区有一片白沫，而白沫实际上是由千百个不断发生而又消灭的小气泡所组成的。白沫就是空泡现象。

所以看来如果低压区不大，那么空泡区不大，它对液体的流动，以至固体表面所受的力的影响应当不大。这确然是如此的。但这并不等于说我们就可以忽略小区的空泡现象。问题在于气泡的不断发生和不断消灭，特其是在消灭的时候，它能产生局部点上的很大压力，也就是说，小泡消灭时，就产生一个小而猛的向固体表面的打击。因为这种小气泡非常多，固体表面上就受到许许多多的打击，因而很快地产生材料的疲

195３年　　月　　日（这年是空化）　　中國科學院 力學研究所

劳。从外表面材料被破坏了。例如前几年半滿水电站的水轮机就因为这样长期负载在下运转而产生的空蚀，每年水轮都要进行一次修理。这是跟不上趟的。解决这个问题的办法，一方面自然是寻找能抵抗空蚀的材料，而一方面是改变流体动力学的设计，不让局部的流速过高，不让静压力低于汽压，这样汽化就不会出现，空蚀也就没有了。

　　因为空蚀的出现不出现，是以汽压为定的，一个物体在水流速度为 u 的水流中，如果远处的静压力是 p_0，而汽压是 p_v，那么

$$\sigma = \frac{p_0 - p_v}{\frac{1}{2}\rho u^2}$$

就是一个标志空蚀的无量纲数，名叫空化系数。X因此如果 $\sigma = 0$，那就是说那是没有物体，光是水流也将沸腾了，这自然是一个下限。一般 $\sigma > 0$，如果物体表面在没有空化时的最低压力是 p^*，其相应的压力的号是

$$\sigma^* = \frac{p^* - p_0}{\frac{1}{2}\rho u^2}$$（为负）

一般 $p^* < p_0$，所以 $\sigma^* < 0$，所以如果 $\sigma > -\sigma^*$，那么 $p^* > p_v$，因而空化不会出现，而空蚀也不会发生。所以一切有空蚀了的水力机械，应该力求 $\sigma^* = -\sigma^*$ 的值小，这样一般 $\sigma > \sigma^*$，就能免去空蚀。

　　从这么一说 水力机械对空蚀的要求是降减 $-\sigma^*$，而同时保持其他的要求。这其实是一个纯气动力问题，是完全能以空气为实验介质的模型来解决的。所以号说空蚀是液体流动所特有的现象，空蚀设计却可以用空气模型来研究，空气试验方法有设备上的许多方便。

局部的空化

　　当 σ 之 σ^* 的时候，汽化区开始出现，这时候水流的实情

１９５　年　月　日　　　　中國科學院　力學研究所

现与没有空泡时有所不同，因为空泡区似去了一部分空間，使流
型有所更改。这时候流型究竟是不稳定的，有脉搏的声响。
在理论的流型计算上，我们也还没有处理这里的好方法。

完全的空泡情况

这一般是在 $\sigma < 1$ 这段情况下，空泡大大地发展了，一直拖
到物体后面很远的地方。自然物体后面的空泡终于要消失，因
为离开了物体很远的空泡是不稳定的。但是既然空泡拖得很
长，我们就可以为简化计算起见，把空泡体为无穷长，成了
不连续流动：

（比上了物体的一整个）

其中 v_v 是相当于 p_v 的流速。因为

$$p_0 + \tfrac{1}{2}\rho u^2 = p_v + \tfrac{1}{2}\rho v_v^2, \qquad \frac{v_v^2}{u^2} = \frac{\tfrac{1}{2}\rho v_v^2}{\tfrac{1}{2}\rho u^2} = \frac{(p_0 - p_v) + \tfrac{1}{2}\rho u^2}{\tfrac{1}{2}\rho u^2} = 1 + \sigma$$

别段！如果物体剖面的形态不因 σ 的改变的变更
动的话，那么我们可以设想物体前面流速的分布主要
是以 v_v 为定的，每一点的流速是 $v_v \cdot f(\sigma)$，$f(\sigma)$ 是只是面的
函数。那么物体受的合力是 $p - p_v$ 在剖部表面的向量积分
因而是 $\tfrac{1}{2}\rho v_v^2 [1 - f^2(\sigma)]$ 的向量积分。很明显 $[1 - f^2(\sigma)]$
在物体剖面的积分是 $\sigma = 0$ 时候的，也就是 $v_v = u$ 时候的
升力系数 $C_L(0)$ 和阻力系数 $C_D(0)$。所以

$$L = \tfrac{1}{2}\rho v_v^2 A\, C_L(0), \qquad D = \tfrac{1}{2}\rho v_v^2 A\, C_D(0)$$

其中 A 是物体的一个标准面积。因为

$$C_L = L / \tfrac{1}{2}\rho u^2 A, \qquad C_D = D / \tfrac{1}{2}\rho u^2 A$$

195　年　月　日　　　　中國科學院　力學研究所

所以　　　　　　　$C_D'=\dfrac{v_\infty^2}{u^2}C_D(0)=(1+\sigma)C_D(0)$

　　　　　　　　　$C_L'=\dfrac{v_\infty^2}{u^2}C_L(0)=(1+\sigma)C_L(0)$

这两个公式很简单，它能告诉我在不用 σ 之下，完全空泡情况下的升力以及阻力系数，只要知道在 $u=v_\infty$ ($\sigma=0$) 时的参数就行了。而 $u=v_\infty$ 时的流型正是流体力学中不连续经典流所计示的结果，(见柯版书有关章)因此我们一下子就能解决问题。例如正对波面放置的二维平板，(无限长板条)，$C_D(0)=\dfrac{2\pi}{4+\pi}$，$C_L(0)=0$，所以由我们的公式

$$C_D(\sigma)=\dfrac{2\pi(1+\sigma)}{4+\pi}\quad\Big\}\quad\quad(I)$$

$$C_L(\sigma)=0$$

同样地，如果平板(二维的)不是正对地放置的，而是有一个迎冲角 α，那么

$$C_D(\sigma)=\dfrac{2\pi\sin^2\alpha}{4+\pi\sin\alpha}(1+\sigma)\,;\quad C_L(\sigma)=\dfrac{\pi\sin2\alpha}{4+\pi\sin\alpha}(1+\sigma)\quad(II)$$

但是我们必需清楚地认识到，我们的公式只是近似公式，它是旅抗一个流型不因 σ 改变的那么一个假定，实际上是不可能靠着流型完全不因 σ 而变的。我们知道 (I) 是还比较准，在 $0<\sigma<1$，最大误差是 $\tfrac{1}{2}\%$；而 (II) 式只有当 α 接近于直度时才比较准。

我们为什么要研究完全气泡情况下的流体力学呢？这是因为在某些工程技术问题里，完全气泡情况真地存在，如水翼船的水翼。研究水翼就得讨论清得搞完全气泡的流型。我们在下一节里研究一下二维平板翼的问题，作为这类问题的典型，学习这门的方法。

在完穷区的地方，一切速度都将是 u

中國科學院
力學研究所

195 年 月 日

完全空泡中的平板

我們要研究的問題是一个以攻角 α 在均勻流速 u 中的平板，它的背面完全是空泡。在空泡里的压力是汽压 p_v，其相应流速是 v_c，$v_c \geqslant u$。我們让 $\bar{v}$ 代表 $u-iv/v_c$，那么在 z 平面及 $\bar{v}$ 平面中的流型有如下列两面。我們注意到二表 v_c 处在有的流缘不能在有限区

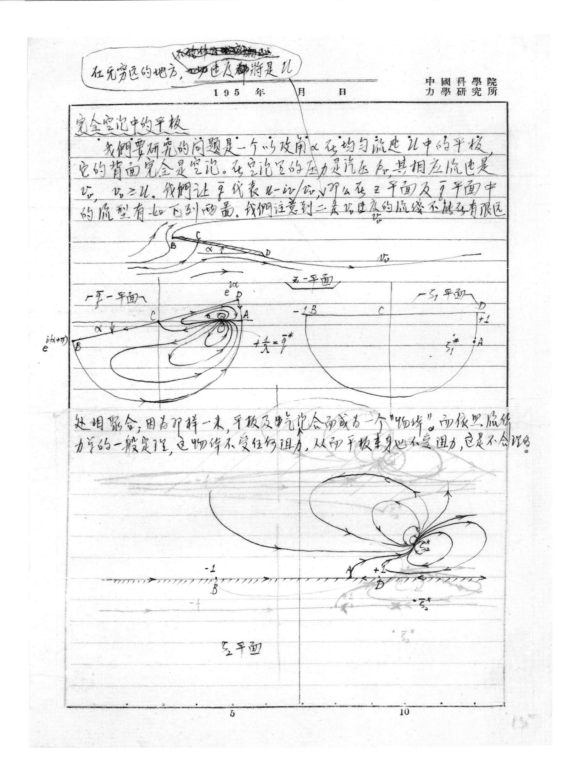

处相聚合；因为那样一来，平板及其气泡合而成为一个"物体"，而依照流体力学的一般定理，这物体不受任何阻力，从而平板本身也不受阻力，这是不合理的。

1 9 5 年 月 日 　　中國科學院 力學研究所

别段！我們先首要把 $\overline{z}$-平面中的圖形放平，ζ_1 平面就是这样一个平面。

$$\zeta_1 = e^{-i\alpha}\overline{z}$$

我們然后再把 ζ_1 平面中的圖形打开，令 $\square$ 半圆变成整个 ζ_2 平面的上半平面，即

$$\zeta_2 = \frac{1}{2}\left(\zeta_1 + \frac{1}{\zeta_1}\right)$$

现在我們要找在 $\overline{z}$-平面的奇点复势系数 W，轉換到 ζ_2 平面的地址 因为 $\overline{z} = \frac{1}{\lambda}$, $\lambda \geq 1$, $\zeta_1^* = \frac{1}{\lambda}e^{-i\alpha}$, $\zeta_2^* = \frac{1}{2}\left[\frac{1}{\lambda}(\cos\alpha - i\sin\alpha) + \lambda(\cos\alpha + i\sin\alpha)\right]$ 即

$$\boxed{\zeta_2^* = \frac{1}{2}\left(\lambda + \frac{1}{\lambda}\right)\cos\alpha + i\frac{1}{2}\left(\lambda - \frac{1}{\lambda}\right)\sin\alpha}$$

我們也要把 W 系数中偶极之的軸向在 ζ_2-平面中固定下来。要在 这个方向，我们就要在 $d\zeta_2/d\overline{z}$ 的角，即

$$d\zeta_2 = \frac{1}{2}\left(1 - \frac{1}{\zeta_1^2}\right)\frac{d\zeta_1}{d\overline{z}}\,d\overline{z} = \frac{1}{2}\left(1 - \frac{1}{\zeta_1^2}\right)e^{-i\alpha}\,d\overline{z}$$

在 $\zeta_1 = \zeta_1^*$ 时，$\frac{d\zeta_2}{d\overline{z}} = \frac{1}{2}\left(1 - \lambda^2 e^{2i\alpha}\right)e^{-i\alpha} = -\frac{1}{2}(\lambda^2 - 1)\cos\alpha - i\frac{1}{2}(\lambda^2 + 1)\sin\alpha$

在 $\overline{z}$-平面中，偶极子复的軸向角是 0，所以在 ζ_2-平面偶极之的 軸向是 $\beta + \pi$，即

$$\boxed{\beta = \tan^{-1}\left[\frac{\frac{1}{2}\left(\lambda + \frac{1}{\lambda}\right)\sin\alpha}{\frac{1}{2}\left(\lambda - \frac{1}{\lambda}\right)\cos\alpha}\right]}$$

有了这些资料，同时敦虑到复势系数 W 在 ζ_2-平面的实数軸上 必需是純实的，以便实軸为派線 $\psi = 0$；因此设 C 为未知常数，

$$W = C\left[\frac{e^{i(\beta+\pi)}}{\zeta_2 - \zeta_2^*} + \frac{e^{-i(\beta+\pi)}}{\zeta_2 - \overline{\zeta_2^*}}\right]$$

即

$$W = -C\left[\frac{e^{i\beta}}{\frac{1}{2}\left(\zeta_1 + \frac{1}{\zeta_1}\right) - \zeta_2^*} + \frac{e^{-i\beta}}{\frac{1}{2}\left(\zeta_1 + \frac{1}{\zeta_1}\right) - \overline{\zeta_2^*}}\right]$$

也就是

$$\boxed{W = -2C\left[\frac{e^{i\beta}\,\overline{z}}{e^{-i\alpha}\overline{z}^2 - 2\zeta_2^*\overline{z} + e^{i\alpha}} + \frac{e^{-i\beta}\,\overline{z}}{e^{-i\alpha}\overline{z}^2 - 2\overline{\zeta_2^*}\,\overline{z} + e^{i\alpha}}\right]}$$

5　　　　　　10

195　年　　月　　日　　　中國科學院
　　　　　　　　　　　　　　　　力學研究所

有了 W 函数，我們就可以求出 z 的值，也就因此定下 C 的值。因为

$$\frac{dW}{dz} = u - iv = v_0 \bar{q}$$

所以
$$dz = \frac{1}{v_0} \frac{dW}{dq} \frac{dq}{\bar{q}}$$

$$= -\frac{2C}{v_0} \left[\frac{e^{i\beta}}{\bar{q}\left(e^{-i\alpha}\bar{q}^2 - 2\zeta_2^* \bar{q} + e^{i\alpha}\right)} - \frac{e^{i\beta}\left(2e^{-i\alpha}\bar{q} - 2\zeta_2^*\right)}{\left(e^{-i\alpha}\bar{q}^2 - 2\zeta_2^* \bar{q} + e^{i\alpha}\right)^2} \right.$$

$$\left. + \frac{e^{-i\beta}}{q\left(e^{-i\alpha}\bar{q}^2 - 2\bar{\zeta}_2^* \bar{q} + e^{i\alpha}\right)} - \frac{e^{-i\beta}\left(2e^{i\alpha}\bar{q} - 2\bar{\zeta}_2^*\right)}{\left(e^{-i\alpha}\bar{q}^2 - 2\bar{\zeta}_2^* \bar{q} + e^{i\alpha}\right)^2} \right] d\bar{q}$$

如果平板的寬度是 b，我們把 dz 从 $\bar{q} = t' e^{i\alpha}$，$t' = -1$，积分到 $t' = 0$
再从 $\bar{q} = t e^{i\alpha}$，$t = +0$，积分到 $t = +1$，那么 $\textcircled{1}$ 我們得到的就是 $b e^{-i\alpha}$。

所以
$$b = -\frac{2C}{v_0}\left[e^{i\beta}\int_{-1}^{0} \frac{dt'}{t'\left(t'^2 - 2\zeta_2^* t' + 1\right)} + e^{i\beta}\int_{0}^{1} \frac{dt}{t\left(t^2 - 2\zeta_2^* t + 1\right)} \right.$$

$$+ e^{-i\beta}\int_{-1}^{0} \frac{dt'}{t'\left(t'^2 - 2\bar{\zeta}_2^* t' + 1\right)} + e^{-i\beta}\int_{0}^{1} \frac{dt}{t\left(t^2 - 2\bar{\zeta}_2^* t + 1\right)}$$

$$\left. + e^{i\beta}\left[\frac{1}{t'^2 - 2\zeta_2^* t' + 1}\right]_{t'=-1}^{t'=0} + e^{i\beta}\left\{\frac{1}{t^2 - 2\zeta_2^* t + 1}\right\}_{t=0}^{t=1} + e^{-i\beta}\left\{\frac{1}{t'^2 - 2\bar{\zeta}_2^* t' + 1}\right\}_{t'=-1}^{t'=0} + e^{-i\beta}\left\{\frac{1}{t^2 - \bar{\zeta}_2^* t + 1}\right\}_{t=0}^{t=1} \right]$$

也就是说

$$b = -\frac{2C}{v_0}\left[e^{i\beta}\cdot 4\zeta_2^* \int_{0}^{?} \frac{dt'}{\left(t'^2+1\right)^2 - 4\left(\zeta_2^*\right)^2 t'^2} + e^{-i\beta}\cdot 4\bar{\zeta}_2^* \int_{0}^{?} \frac{dt}{\left(t^2+1\right)^2 - 4\left(\bar{\zeta}_2^*\right)^2 t^2} \right.$$

$$\left. + \frac{e^{i\beta}}{2}\left\{\frac{1}{1-\zeta_2^*} - \frac{1}{1+\zeta_2^*}\right\} + \frac{e^{-i\beta}}{2}\left\{\frac{1}{1-\bar{\zeta}_2^*} - \frac{1}{1+\bar{\zeta}_2^*}\right\} \right]$$

我們現在再来求作用在平板上的力。$p - p_0 = \frac{1}{2}\rho v_0^2 - \frac{1}{2}\rho |u - iv|^2$
故 $p - p_0 = \frac{1}{2}\rho v_0^2 \left[1 - \bar{q}q\right]$。但是 $p - p_0$ 正是作用在平板每长度面上的压
力差，所以总力 P，作用于垂直于板面的方向也就是

195 年 月 日　　中國科學院 力學研究所

$$P_\circ = \frac{1}{2}\rho v_0^2 b\left[1 + \frac{2C}{b v_0}\left\{e^{i\beta}\int_0^1 \frac{t'^2\,dt'}{t'(t'^2-2\zeta_2^* t'+1)} + e^{i\beta}\int_0^1 \frac{t'^2\,dt'}{t'(t'^2-2\zeta_2^* t'+1)} - e^{-i\beta}\int_{-1}^0 \frac{t'^2\,dt'}{t'(t'^2-2\zeta_2^* t'+1)}\right.\right.$$

$$+ e^{-i\beta}\int_{-1}^0 \frac{t'^2\,dt}{t(t^2-2\zeta_2^* t+1)} - e^{i\beta}\int_0^1 \frac{t'^2(2t'-2\zeta_2^*)dt'}{(t'^2-2\zeta_2^* t'+1)^2} - e^{i\beta}\int_0^1 \frac{t'^2(2t-2\zeta_2^*)dt}{(t'^2-2\zeta_2^* t+1)^2}$$

$$\left.\left.- e^{-i\beta}\int_{-1}^0 \frac{t'^2(2t'-2\bar\zeta_2^*)dt'}{(t'^2-2\bar\zeta_2^* t'+1)^2} - e^{-i\beta}\int_0^1 \frac{t'^2(2t-2\bar\zeta_2^*)dt}{(t'^2-2\bar\zeta_2^* t+1)^2}\right\}\right]$$

也就是说

$$P = \frac{P_\circ}{\frac{1}{2}\rho v_0^2 b} = 1 + \frac{2C}{b v_e}\left[e^{i\beta}4\zeta_2^*\int_0^1 \frac{t'^2\,dt}{(t'^2+1)^2-4(\zeta_2^*)^2 t'^2} + e^{-i\beta}4\zeta_2^*\int_0^1 \frac{t'^2\,dt}{(t'^2+1)^2-4(\bar\zeta_2^*)^2 t'^2}\right.$$

$$+ \frac{e^{i\beta}}{2}\left\{\frac{1}{1-\zeta_2^*}-\frac{1}{1+\zeta_2^*}\right\} - \frac{(t'^2+1)t'}{(t'^2+1)^2-4(\zeta_2^*)^2 t'^2} - e^{i\beta}8\zeta_2^*\int_0^1 \frac{t'^2\,dt}{(t'^2+1)^2-4(\zeta_2^*)^2 t'^2}$$

$$\left.+ \frac{e^{-i\beta}}{2}\left\{\frac{1}{1-\bar\zeta_2^*}-\frac{1}{1+\bar\zeta_2^*}\right\} - e^{-i\beta}8\bar\zeta_2^*\int_0^1 \frac{t'^2\,dt}{(t'^2+1)^2-4(\bar\zeta_2^*)^2 t'^2}\right]$$

因此

$$\frac{P}{\frac{1}{2}\rho v_0^2 b} = 1 + \frac{2C}{b v_e}\left[\frac{e^{i\beta}}{2}\left\{\frac{1}{1-\zeta_2^*}-\frac{1}{1+\zeta_2^*}\right\} - e^{i\beta}4\zeta_2^*\int_0^1 \frac{t'^2\,dt}{(t'^2+1)^2-4\zeta_2^* t'^2}\right.$$

$$\left.+ \frac{e^{-i\beta}}{2}\left\{\frac{1}{1-\bar\zeta_2^*}-\frac{1}{1+\bar\zeta_2^*}\right\} - e^{-i\beta}4\bar\zeta_2^*\int_0^1 \frac{t'^2\,dt}{(t'^2+1)^2-4\bar\zeta_2^* t'^2}\right]$$

这一些结果，经过更进一步的具体计算，就能得出数值解。因为计算比较繁，我们不在这里多说了。

正迎水流

迎面的平板

如果我们让 $\alpha=\frac{\pi}{2}$，那么 $\zeta_2^* = i\frac{\lambda-\frac{1}{\lambda}}{2}$；$\bar\zeta_2^* = -i\frac{\lambda-\frac{1}{\lambda}}{2}$；$\beta=\frac{\pi}{2}$，$e^{i\beta}=i$，$e^{-i\beta}=-i$；那么一切计算都简化得多了。倘如我们得到

$$b = +\frac{2C}{v_0}\left[2(\lambda-\frac{1}{\lambda})\int_0^1 \frac{dt}{(t^2+1)^2+(\lambda-\frac{1}{\lambda})^2 t^2} + (\lambda-\frac{1}{\lambda})\frac{1}{1+\frac{(\lambda-\frac{1}{\lambda})^2}{4}}\right]$$

$$= \frac{2C}{v_0}\left[(\lambda-\frac{1}{\lambda})\int_0^1 \frac{dt}{t^2+(\lambda+\frac{1}{\lambda})^2 t^2+1} + \frac{\lambda-\frac{1}{\lambda}}{(\lambda+\frac{1}{\lambda})^2}\right] = \frac{2C}{v_0}\left[\frac{1}{\lambda+\frac{1}{\lambda}}\left\{\lambda\tan^{-1}(\lambda)-\frac{1}{\lambda}\tan^{-1}(\frac{1}{\lambda})\right\} + \frac{\lambda-\frac{1}{\lambda}}{(\lambda+\frac{1}{\lambda})^2}\right]$$

18

中國科學院力學研究所

而
$$\frac{P}{\frac{1}{2}\rho v_v^2 b} = 1 - \frac{2C}{b v_v}\left[\frac{4(\lambda-\frac{1}{\lambda})}{(\lambda+\frac{1}{\lambda})^2} - 4(\lambda-\frac{1}{\lambda})\int_0^1 \frac{t^2\,dt}{t^4 + (\lambda^2-\frac{1}{\lambda^2})t^2+1}\right]$$

$$= 1 - \frac{2C}{b v_v}\left[\frac{\lambda-\frac{1}{\lambda}}{(\lambda+\frac{1}{\lambda})^2} - \frac{1}{\lambda+\frac{1}{\lambda}}\left\{\lambda\,\tan^{-1}(\tfrac{1}{\lambda}) - \tfrac{1}{\lambda}\tan^{-1}(\lambda)\right\}\right]$$

所以
$$\frac{2C}{b v_v} = \frac{\lambda+\frac{1}{\lambda}}{\frac{(\lambda-\frac{1}{\lambda})}{(\lambda+\frac{1}{\lambda})} + \lambda\,\tan^{-1}(\lambda) - \frac{1}{\lambda}\tan^{-1}(\tfrac{1}{\lambda})}$$

因此我們可以求正 P 的值为
$$\frac{P}{\frac{1}{2}\rho U^2 b} = \lambda^2\left[1 - \frac{\frac{(\lambda-\frac{1}{\lambda})}{\lambda+\frac{1}{\lambda}} - \lambda\,\tan^{-1}(\tfrac{1}{\lambda}) + \frac{1}{\lambda}\tan^{-1}(\lambda)}{\frac{\lambda-\frac{1}{\lambda}}{\lambda+\frac{1}{\lambda}} + \lambda\,\tan^{-1}(\lambda) - \frac{1}{\lambda}\tan^{-1}(\tfrac{1}{\lambda})}\right]$$

此就是
$$\frac{P}{\frac{1}{2}\rho U^2 b} = \lambda^2\,\frac{(\lambda-\frac{1}{\lambda})\left[\tan^{-1}(\lambda) + \tan^{-1}(\tfrac{1}{\lambda})\right]}{\frac{\lambda-\frac{1}{\lambda}}{\lambda+\frac{1}{\lambda}} + \lambda\,\tan^{-1}(\lambda) - \frac{1}{\lambda}\tan^{-1}(\tfrac{1}{\lambda})} = \frac{\lambda^2\left[\tan^{-1}(\lambda)+\tan^{-1}(\tfrac{1}{\lambda})\right]\frac{\pi}{2}}{\frac{1}{\lambda+\frac{1}{\lambda}} + \frac{\lambda\,\tan^{-1}(\lambda)-\frac{1}{\lambda}\tan^{-1}(\tfrac{1}{\lambda})}{\lambda-\frac{1}{\lambda}}}$$

因为 $\lambda^2 = 1+\sigma$，所以 $\lambda = (1+\sigma)^{\frac{1}{2}} = 1 + \tfrac{1}{2}\sigma - \tfrac{1}{8}\sigma^2 + \tfrac{1}{16}\sigma^3 + \cdots$

因此
$$\tan^{-1}(\lambda) = \tan^{-1}\left[1+(\tfrac{1}{2}\sigma-\tfrac{1}{8}\sigma^2+\cdots)\right] = \frac{\pi}{4} + \tfrac{1}{2}(\tfrac{1}{2}\sigma-\tfrac{1}{8}\sigma^2+\cdots) - \tfrac{1}{4}(\tfrac{1}{2}\sigma-\tfrac{1}{8}\sigma^2\cdots)^2 + \tfrac{1}{12}(\tfrac{1}{2}\sigma)^3\cdots$$

$$\tan^{-1}(\tfrac{1}{\lambda}) = \cot^{-1}\left[1+(\tfrac{1}{2}\sigma-\tfrac{1}{8}\sigma^2+\tfrac{1}{16}\sigma^3\cdots)\right] = \frac{\pi}{4} - \tfrac{1}{2}(\tfrac{1}{2}\sigma-\tfrac{1}{8}\sigma^2+\tfrac{1}{16}\sigma^3\cdots) + \tfrac{1}{4}(\tfrac{1}{2}\sigma-\tfrac{1}{8}\sigma^2\cdots) + \tfrac{1}{12}(\tfrac{1}{2}\sigma)^3\cdots$$

$$\lambda\,\tan^{-1}(\lambda) - \tfrac{1}{\lambda}\tan^{-1}(\tfrac{1}{\lambda}) = \frac{\tan^{-1}(\lambda) - \frac{1}{\lambda^2}\tan^{-1}(\tfrac{1}{\lambda})}{1-\frac{1}{\lambda^2}}$$

$$= \left[\frac{\pi}{4} + \tfrac{1}{4}\sigma - \tfrac{1}{16}\sigma^2 + \tfrac{1}{32}\sigma^3 - \tfrac{1}{16}\sigma^2 + \tfrac{1}{32}\sigma^3 + \tfrac{1}{16}\sigma^3\cdots\right]\Big/\left[-(1-\sigma+\sigma^2-\sigma^3)(\tfrac{\pi}{4}-\tfrac{1}{4}\sigma+\tfrac{1}{4}\sigma^2-\tfrac{1}{32}\sigma^3+\tfrac{1}{16}\sigma^2-\tfrac{1}{32}\sigma^3-\tfrac{1}{16}\sigma^3\cdots)\right]$$

$$\div(1+\tfrac{1}{2}\sigma-\tfrac{5}{8}\sigma^2+\sigma^3)\ \frac{\tfrac{1}{2}\sigma-\tfrac{1}{8}\sigma^2+\tfrac{7}{48}\sigma^3\cdots + \sigma(1-\sigma+\sigma^2)(\tfrac{\pi}{4}-\tfrac{1}{4}\sigma+\tfrac{11}{16}\sigma^2\cdots)}{\cdots}$$

$$= \lambda\,\tan^{-1}(\lambda) - \tfrac{1}{\lambda}\tan^{-1}(\tfrac{1}{\lambda}) + \tfrac{1}{\lambda}\left[\tan^{-1}(\lambda) - \tan^{-1}(\tfrac{1}{\lambda})\right]\sigma\frac{1-\sigma\,\tan^{-1}(\lambda)\cdots + \frac{\tan^{-1}(\lambda) - \tan^{-1}(\tfrac{1}{\lambda})}{\lambda^2-1}\cdots}{\cdots}$$

$$= \frac{\pi}{4} + \tfrac{1}{4}\sigma + \tfrac{\lambda-5}{4}\sigma + \tfrac{5}{16}\sigma - \tfrac{1}{2}\sigma^2 + \tfrac{1}{2}+\tfrac{1}{4}\sigma+\tfrac{7}{48}\sigma^2 - \tfrac{\pi}{4} - \tfrac{\pi}{8}\sigma + \tfrac{1}{2} + \tfrac{5}{4}\frac{\sigma^2-1}{\cdots}$$

$$= (\tfrac{\pi}{4}+\tfrac{1}{2}) + \tfrac{1}{48}\sigma^2\cdots$$

$$\frac{1}{\lambda+\frac{1}{\lambda}} = \frac{\lambda}{\lambda^2+1} = \frac{1+\tfrac{1}{2}\sigma-\tfrac{1}{8}\sigma^2\cdots}{2+\sigma\cdots} = \tfrac{1}{2} - \tfrac{1}{16}\sigma^2 + \cdots$$

中國科學院力學研究所

所以我们终于得到下列结果：

$$\frac{P}{\frac{1}{2}\rho U^2 b} = (1+\sigma)\,\frac{\frac{\pi}{2}}{(1+\frac{\pi}{4}) - \frac{1}{\sqrt{6}}\cdot\frac{1}{24}\sigma^2} = (1+\sigma)\frac{2\pi}{(4+\pi) - \frac{1}{6}\sigma^2\cdots} = \frac{2\pi}{(4+\pi)}(1+\sigma)\frac{1}{1 - \frac{1}{6(4+\pi)}\sigma^2}$$

也就是

$$\frac{P}{\frac{1}{2}\rho U^2 b} = \frac{2\pi}{4+\pi}\left\{1 + \sigma + \frac{1}{6(4+\pi)}\sigma^2\cdots\right\} = C_p(0)\left\{1 + \sigma + \frac{1}{6(4+\pi)}\sigma^2\cdots\right\}$$

这结果说明我们正像以前所论证，我们的近似公式(1)是很准的，就是在 $\sigma=1$ 的时候，(1)式的误差也不过 1.2%。

20

这结果说明，正像我们以前所论证，我们的近似公式 (I) 是很准的，就是在 $\delta = 1$ 的时候，(I) 式的误差也不过 1.2 名

如果平板不是正迎着水，而是具有一定的迎角 α（如图），那么近似

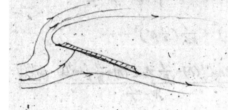

公式就不怎么准确。精确的解 是了以计算得出来的，但是分 析比较复杂，而且基本上假定 是候同杨述者上用的一样，

所以我们不在这里讲了。我们只把计算的结果在这儿表明（见图）

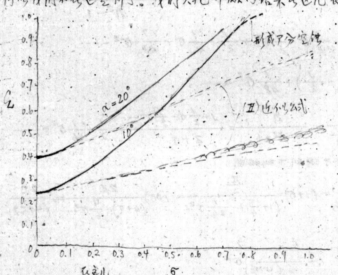

形成了分空缝

$\alpha = 20°$

10°

(II) 近似公式

C_2

0 0.1 0.2 0.3 0.4 0.5 0.6 0.7 0.8 0.9 1.0

δ

不那么大，只 有部分空缝， 情况有所变 变，自然用 完全空缝的 理论来顾它 是不恰当的 结果又有所 变更了

我们看到 (II) 公式是很不错的，而尤其在 δ 小时为然，实验结果完全证实了精确的理论计算，与图中实线符合。只是当 δ 很大的时度，空比形成

正面迎水的平板

我们现在化一个比较简单的计算：研究平板正面迎水运动的问题。我们看到 z-平面的流型如果移到利速度平面

我们注意到单位

$$\zeta = \frac{u - iv}{V_0}$$ 上去就形成四个偶极子的流型。因此我们马上了

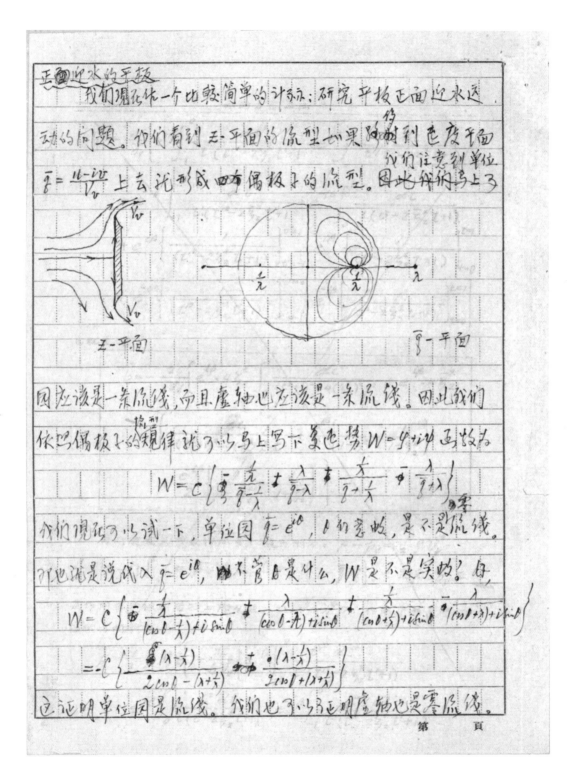

z-平面　　　　　　　ζ-平面

园应该是一条流线，而且虚轴也应该是一条流线。因此我们

依照偶极子的规律就可以马上写下来速势 $W = \varphi + i\psi$ 可取为

$$W = c\left\{ \frac{\overline{\frac{\pi}{\zeta}}}{\zeta - \lambda} \pm \frac{\lambda}{\zeta - \lambda} \mp \frac{\overline{\frac{\pi}{\zeta}}}{\zeta + \frac{1}{\lambda}} \mp \frac{\overline{\frac{\pi}{\zeta}}}{\zeta + \lambda} \right\}$$

我们现在可以试一下，单位园 $\zeta = e^{i\theta}$，θ 的变吱，是不是流线。

也就是说代入 $\zeta = e^{i\theta}$，那不管 θ 是什么，W 是不是实的？是，

$$W = c\left\{ \frac{\overline{\frac{\pi}{\zeta}}}{(\cos\theta - \frac{1}{\lambda}) + i\sin\theta} \pm \frac{\lambda}{(\cos\theta - \lambda) + i\sin\theta} \mp \frac{\overline{\frac{\pi}{\zeta}}}{(\cos\theta + \frac{1}{\lambda}) + i\sin\theta} \mp \frac{\overline{\frac{\pi}{\zeta}}}{(\cos\theta + \lambda) + i\sin\theta} \right\}$$

$$= -c\left\{ \frac{\frac{\pi}{\zeta}(\lambda - \frac{1}{\lambda})}{2\cos\theta - (\lambda + \frac{1}{\lambda})} \mp \frac{\cdot(\lambda - \frac{1}{\lambda})}{2\cos\theta + (\lambda + \frac{1}{\lambda})} \right\}$$

这证明单位园是流线。我们也可以证明虚轴也是零流线。

有了 W 就是了以解决了，因此为

$$\frac{dW}{dz} = u - iv = V_0\vartheta, \quad 所以\quad dz = \frac{1}{V_0}\frac{dW}{d\vartheta}\frac{d\vartheta}{\vartheta}$$

因此
$$dz = \frac{C}{V_0}\left\{\frac{1}{(\vartheta-\lambda)^2} - \frac{\lambda}{(\vartheta-\lambda)^2} + \frac{1}{(\vartheta+\lambda)^2} + \frac{\lambda}{(\vartheta+\lambda)^2}\right\}\frac{d\vartheta}{\vartheta}$$

$$= \frac{4C}{V_0}\left\{\frac{1+\frac{\lambda^2}{\vartheta^2}}{(\vartheta^2-\lambda^2)^2} + \frac{\lambda^2}{(\vartheta^2-\lambda^2)^2}\right\}d\vartheta$$

如果我们用 b 来代表平板的宽度，那么 ϑ 的积分应该从 $i\infty$ 到 $i0$, 从 $i0$ 到 $i(-1)$,

$$ib = \frac{4C}{V_0}\left\{\frac{1}{\lambda^2}\left[\int_{\frac{1}{\lambda}}^{\infty}\frac{i\,dt}{(t^2+\frac{1}{\lambda^2})^2} + \int_0^{-1}\frac{i\,dt}{(t^2+\frac{1}{\lambda^2})^2}\right] + \lambda^2\left[\int_1^{\infty}\frac{i\,dt}{(t^2+\lambda^2)^2} + \int_0^{-1}\frac{i\,dt}{(t^2+\lambda^2)^2}\right]\right\}$$

$$b = \frac{4C}{V_0}\left\{2\lambda^2\int_1^{\infty}\frac{dt}{(t^2+\lambda^2)^2} + 2\frac{1}{\lambda^2}\int_0^1\frac{dt}{(t^2+\frac{1}{\lambda^2})^2}\right\}$$

但是

$$2\lambda^2\int_0^1\frac{dt}{(t^2+\lambda^2)^2} = 2\int_0^1\frac{t^2+\lambda^2-t^2}{(t^2+\lambda^2)^2}\,dt = 2\int_0^1\frac{dt}{(t^2+\lambda^2)} - \int_0^1\frac{t\cdot d(t^2)}{(t^2+\lambda^2)^2}$$

$$= 2\int_0^1\frac{dt}{(t^2+\lambda^2)} + \frac{1}{(\lambda^2+1)} - \int_0^1\frac{dt}{(t^2+\lambda^2)} = \frac{1}{\lambda^2+1} + \frac{1}{\lambda}\tan^{-1}\left(\frac{t}{\lambda}\right)$$

因此
$$\frac{bV_0}{4C} = \frac{1}{\lambda^2+1} + \lambda\tan^{-1}(\lambda) - \frac{1}{\lambda^2+1} - \frac{1}{\lambda}\tan^{-1}\left(\frac{1}{\lambda}\right) = \frac{\lambda^2-1}{\lambda^2+1} + \lambda\tan^{-1}(\lambda) - \frac{1}{\lambda}\tan^{-1}\left(\frac{1}{\lambda}\right)$$

我们现在再来找作用在平板上的力。$p - p_0 = \frac{1}{2}\rho V_0^2 - \frac{1}{2}\rho|u-iv|^2$

所以 $p - p_0 = \frac{1}{2}\rho V_0^2\{1 - \vartheta^2\}$. 但是 $p - p_0$ 正是作用在平板前后面上的压力差，所以总力 P，作用于垂直于板面方向的力，是

$$P = \frac{1}{2}\rho V_0^2 b \left[1 - \frac{4c_i}{bV_v} \left(\frac{1}{\lambda^2} \int_1^0 \frac{t^2 i\, dt}{(t^2+\lambda^2)^2} + \int_0^{-1} \frac{i\, t^2\, dt}{(t^2+\lambda^2)^2} - \frac{1}{\lambda^2} \int_1^{-1} \frac{i\, t^2\, dt}{(t^2+\frac{1}{\lambda^2})^2} - \frac{1}{\lambda^2} \int \frac{i\, t^2\, dt}{(t^2+\frac{1}{\lambda^2})^2} \right) \right]$$

或是写作

$$\frac{P}{\frac{1}{2}\rho V_0^2 b} = 1 - \frac{4c}{bV_v} \left[\frac{2}{\lambda^2} \int_0^1 \frac{t^2\, dt}{(t^2+\lambda^2)^2} - 2\lambda^2 \int_0^1 \frac{t^2\, dt}{(t^2+\lambda^2)^2} \right]$$

但是

$$2\lambda^2 \int_0^1 \frac{t^2\, dt}{(t^2+\lambda^2)^2} = 2\lambda^2 \int_0^1 \frac{(t^2+\lambda^2)-\lambda^2\, dt}{(t^2+\lambda^2)^2} = \lambda^2 \int_0^1 \frac{t \cdot \overline{\frac{}{}}(dt^2)}{(t^2+\lambda^2)^2}$$

$$= \lambda^2 \left[-\frac{1}{1+\lambda^2} + \int_0^1 \frac{dt}{t^2+\lambda^2} \right] = \lambda\, \tan^{-1}\!\left(\frac{1}{\lambda}\right) - \frac{\lambda^2}{1+\lambda^2}$$

所以

$$\frac{P}{\frac{1}{2}\rho V_0^2 b} = 1 - \frac{4c}{bV_v} \left[\frac{1}{\lambda}\tan^{-1}(\lambda) - \frac{1}{\lambda^2+1} - \lambda\,\tan^{-1}\!\left(\frac{1}{\lambda}\right) + \frac{\lambda^2}{1+\lambda^2} \right]$$

$$= 1 - \frac{4c}{bV_v} \left[\frac{1}{\lambda}\tan^{-1}(\lambda) - \lambda\,\tan^{-1}\!\left(\frac{1}{\lambda}\right) + \frac{\lambda^2-1}{\lambda^2+1} \right]$$

也就是说

$$\frac{P}{\frac{1}{2}\rho V_0^2 b} = \lambda^2 \cdot \frac{\left(\lambda - \frac{1}{\lambda}\right)\tan^{-1}\!\lambda + \left(\lambda - \frac{1}{\lambda}\right)\tan^{-1}\!\left(\frac{1}{\lambda}\right)}{\frac{\lambda^2-1}{\lambda^2+1} + \lambda\,\tan^{-1}(\lambda) - \frac{1}{\lambda}\tan^{-1}\!\left(\frac{1}{\lambda}\right)}$$

所以

$$\boxed{\frac{P}{\frac{1}{2}\rho V_0^2 b} = \frac{\lambda^2 \cdot \frac{\pi}{2}}{\dfrac{\frac{1}{\lambda^2}}{\lambda^2} + \lambda\,\tan^{-1}(\lambda) - \frac{1}{\lambda}\tan^{-1}\!\left(\frac{1}{\lambda}\right)}} \qquad \left(\tan^{-1}(\lambda) + \tan^{-1}\!\left(\frac{1}{\lambda}\right) = \frac{\pi}{2}\right)$$

第八讲 非线型自由表面及支毫面问题

基本方程式。我們知道,如果把液体的粘性略去不計,那么而且我們依照运动发生的具体情况,认为运动为无旋的,那么就有一个速度势 $\Phi(x, y, z; t)$,它满足拉氏方程

$$\nabla^2 \Phi = 0$$

而且由它了以求得速度 u, v, w 为

$$u = \frac{\partial \Phi}{\partial x}, \quad v = \frac{\partial \Phi}{\partial y}, \quad w = \frac{\partial \Phi}{\partial z}$$

以运动方程式 我们也了以求得計算压力 p 的公式:

$$\frac{\partial \Phi}{\partial t} + \frac{1}{2}\left[\left(\frac{\partial \Phi}{\partial x}\right)^2 + \left(\frac{\partial \Phi}{\partial y}\right)^2 + \left(\frac{\partial \Phi}{\partial z}\right)^2\right] + \frac{p}{\rho} - V = 常数$$

此中 ρ 为液体的密度, V 为外力的势。如果外力只是由重力所生,並且 g 为引力常数,作用沿 y 方向,那么

$$V = -gy$$

所以計算压力的公式 就成为

$$\frac{\partial \Phi}{\partial t} + \frac{1}{2}\left[\left(\frac{\partial \Phi}{\partial x}\right)^2 + \left(\frac{\partial \Phi}{\partial y}\right)^2 + \left(\frac{\partial \Phi}{\partial z}\right)^2\right] + \frac{p}{\rho} + gy = 常数$$

在许多具体问题里,如例 对固体的绕流,或是在固体界面之间的

流动，中的边界条件只是说流速不能走直于表面的方向有分速度，也就是说中在表面法向不能有梯度，即$\frac{\partial \phi}{\partial n}=0$（$n$是表面法向的坐标）。那么拉成方程加上这样的条件就形成一个完全为线型的问题，在一般情况下，求解差不十分困难。流体力学的大多故静止的问题是属于这一类的。

自由面问题

如果流体的运动中有一个自由面，那时流体处在自由面的下方，而上方是大气。那么由于大气的密度远远小于流体的密度，大气的压力可以在为是不变的，那么在自由面上的各个压力也应该是不变的。也就是说，在自由面上，p是常数。这样一来，在自由面上的边界条件是

$$\frac{\partial \phi}{\partial t}+\frac{1}{2}\left[\left(\frac{\partial \phi}{\partial x}\right)^2+\left(\frac{\partial \phi}{\partial y}\right)^2+\left(\frac{\partial \phi}{\partial z}\right)^2\right]+gz=常数$$

显然，这样一个关系是非线型的，这本身已经给求解带来了困难，但是困难还不止于非线型的边界条件，我们在解此问题之前，连边界（也就是自由面）在什么地方也不清知道。

我们在以前的讨账中，也谈到自由面的问题，我们在77时

来都引入了一些简化的论拔，把问题的复杂性减低了。例如

当表面波的波幅很小的时候，那么他们的速度 以及分速度 （边界条件里的）

也都会很小。从而速度的平方就成为二次小量，因此非线型项就

可以略去不计；这么一来边界条件也就线型化了。

　　但是如果表面波的波幅不太小，或是问题根本不能，平所

谓有限波幅表面波问题，那么我们最多只有利用随着波刻巴

的座标去把问题变为定常问题。也就是说边界条件成为

　　在自由面： $\dfrac{\partial}{\partial t}\left[\left(\dfrac{\partial \phi}{\partial x}\right)^2+\left(\dfrac{\partial \phi}{\partial y}\right)^2+\left(\dfrac{\partial \phi}{\partial z}\right)^2\right]+gy=$ 常数

问题也不能再进一步简化了：如果波动是三价的，因为我们

不能象在线型问题那样用叠加法 把二价波加成三价波。（3个）

　　如果问题真是二价的，那么边界条件自组就更进一步简化

为， 在自由面： $\dfrac{\partial}{\partial t}\left[\left(\dfrac{\partial \phi}{\partial x}\right)^2+\left(\dfrac{\partial \phi}{\partial y}\right)^2\right]+gy=$ 常数

而拉氏方程也就是二价的，即

$$\frac{\partial^2 \phi}{\partial x^2}+\frac{\partial^2 \phi}{\partial y^2}=0$$

在固定面上，边界条件为 $\dfrac{\partial \phi}{\partial n}=0$

这一类问题中的一个重要问题是溢洪道的设计问题。如图

所示，我们的问题

是怎么样来设计唤溢洪

道的形状，以预防表面

如果压力太低，不能气起

过低压力的气况真空化，

而且也有危险使空气从

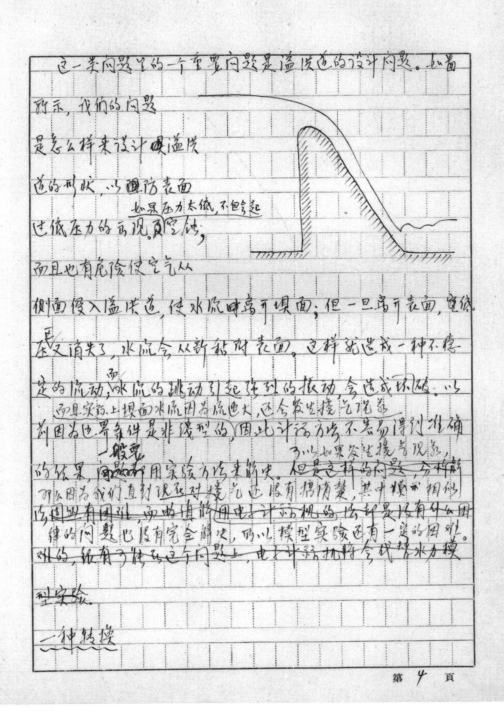

侧面侵入溢洪道，使水流时离开坝面；但一旦离开表面，真低

压又消失了，水流会从新黏附表面。这样就造成一种不稳

定的流动，水流的跳动引起坝到的振动，会造成破碎。以

而且实际上坝面水流因为流速大，还会发生掺气现象

到因为边界条件是非线型的，因此计算方法不容易得到准确

一般要

3以如果发生掺气现象，

的结果，阎晤仍用实验方法来解决。但是这样的问题，分析解

那么因为我们直到现在对掺气还没有搞清楚，其中掺而相似

的规律有困难，而晤仍旧用电子计算机的验算是没有什么困

律的问题也没有完全解决，所以模型实验还有一定的困难

外的，紙有了挂在这个问题上，电子计算机将会代替水力模

型实验。

一种转换

为了避免予先不知道自由面所在的困难，我们不妨选用 $W=\phi+i\psi$ 为自变量，也就是用 ϕ 为横坐标，用 ψ 为竖坐标。我们以 $\omega = \phi+i\psi$ $= i\ln \frac{dW}{dz}$，$\omega = \theta + i\ln q$ 作为未知量，θ 为速度矢量号与 x-轴间的角度，q 是速度的绝对值。我们知道如果 $z=x+iy$，$\frac{dW}{dz}=u-iv$ 而 $\omega = i\ln(u-iv)$，所以以复变函数的理论，我们知道 ω 也是 W 的函数；因此我们选择 W 为自变量是恰当的。

由于我们选择了 W 为自变量，自由面就不妨认为是 W-平面的实数轴，即 ϕ 轴；而流场是在 ϕ 轴的下面。这样一来，在 ϕ 轴上的边界条件就成为

$$\frac{1}{2}e^{2\tau} + g\psi = 常数$$

如果我们把上式对自由面的流线方向 s 微分，那么

$$e^{2\tau}\frac{d\tau}{ds} + g\frac{d\psi}{ds} = 0$$

但是 $\frac{d\psi}{ds}=\sin\theta$，而 $\frac{d\tau}{ds} = \frac{\partial\tau}{\partial\phi}\frac{d\phi}{ds} = \frac{\partial\tau}{\partial\phi}q = \frac{\partial\tau}{\partial\phi}e^{\tau}$

因此自由面的边界条件不妨写化是

$$在 \psi = 0, \quad \frac{1}{3}\frac{\partial}{\partial\phi}(e^{2\tau}) = -g\sin\theta, \quad 在 \phi 轴上.$$

如果我们是研究以 c 速度沿 x-轴方向传播的波，及当没有波的时候水深是 h，那么当 $\psi = ch$，

$$\varphi = 0, \qquad \tau = \ln c$$

<u>以上的边界条件再加上</u>

如果波是周期性的，那么 φ 和 τ 对中 ϕ 的周期性就形成一套完整的边界条件。如果波不是周期性的，是一个单独的波，那么在 $\phi \to -\infty$ 或 $\phi \to +\infty$ 的时候，就有 $\varphi = 0$ 和 $\tau = \ln c$；这样我们也得到了完整的边界条件。

　　因为 ω 是 W 的函数，所以用复变函数理论，我们知道

$$\frac{\partial^2 \tau}{\partial \phi^2} + \frac{\partial^2 \tau}{\partial \psi^2} = 0$$

和

$$\frac{\partial^2 \varphi}{\partial \phi^2} + \frac{\partial^2 \varphi}{\partial \psi^2} = 0$$

这样问题就完全定下来了，用新变数的作处是自由面固定下来了。

$$\frac{\partial \varphi}{\partial \phi}\big(e^{3\tau}\big) + g \sin\theta = 0 \longrightarrow \phi$$

流场

$$\varphi = 0, \quad \tau = \ln c$$

　　当问题解出了，也就是知道了 $\omega = \omega(W)$ 的关系之后，那么由于 $\dfrac{dW}{dz} = u - iv = e^{-i\omega}$，所以

$$dz = e^{i\omega}\,dW, \quad 或 \quad z = \int e^{i\omega}\,dW$$

这样我们就能找到相应的 x、y 坐标，问题的解也就完整了。直到现在为止，无限波幅的解差不多都是用的这个方法。

有限波幅因图体解的计算比较复杂，我们不在这里多讲了。我们只指示：在同样波速的条件下，有限波幅波的波长比微小波幅波的波长要短；而且有限波幅波的波峰比波谷要高、波峰窄波谷大。波幅越大这种情况也就越显明，最后波峰成为尖形的。

我们也可以求峰顶夹角的大小：我们把座标移到峰顶上，在峰顶附近 $W = Cz^{\alpha}$，其中 C 及 α 是正实数。那么 $\frac{dW}{dz} = C\alpha z^{\alpha-1}$，$q = \left|\frac{dW}{dz}\right| = C\alpha|z^{\alpha-1}|$。但是峰顶既然是尖的，在峰顶附近的流线也就是直线，所以 $q \propto y^{\alpha-1}$，$q^2 \propto y^{2(\alpha-1)}$；但是依照边界条件 q^2 应当和 y 成比例，所以 $2(\alpha-1) = 1$，$\alpha = \frac{3}{2}$。这就等于 $z = \left(\frac{W}{C}\right)^{\frac{2}{3}}$，$\ln z = \ln\left(\frac{W}{C}\right)^{\frac{2}{3}}$。当我们从峰顶的左面

跨到峰顶的右面，W 从 $-\frac{1}{3}\pi$ 走到 $+\frac{1}{3}\pi$，所以峰顶的角度是 $\frac{在(-1)}{}$ 的虚部了分，也就是 $\frac{2}{3}\pi$ 的角度，这就是最大波幅尖顶的角度了。

　　我们看得出来，象溢洪道那样的问题，用以上所介绍的变换是没有什么用的，它已经固定了自由面，使得那儿的边界条件简化了。但是在固定面上，因为 b、c 和 x、y 的关系不能先求得，所以要预定，把困难移到相应于固定面的流场上来了，所以我们最初还是先多实多用 x、y 座标。

最大波幅波

异重流

　　当夹带着泥沙的河水流入水库的时候，一般流速很小，不足以引起快速的混合，而另一面由于带泥沙的水的比重要比清水大些，因此泥水下沉到河底，而库中清水在上面，清浊分明，形成二层，人们叫这种情况为异重流。我们在研究异重流里，一个重要项目是清水和滔水的交界面的位置问题。在研究这个问题的时候，我们可以忽略交界面附近的边界层，也就是我们不考虑交界面附近水流速度在小范围的变化。我们从整个流的大范围变化来看可以认为水是没有粘性的，并且允许交界面两侧流速的不连续。自然，两侧的压力必需相等，而在定常流动情况下，两侧的流速必需平行于交界面。

现在让我们讨论一个具体的射流问题：滔水或盐水浸入清水或淡水的问题。我们让滔水前也的速度为 u，定它为 x-方向，并且假设问题为二免维的。为了简化计算，我们选用一个固定随着滔水前锋走的坐标，使得问题变为定常的（如图）。这样

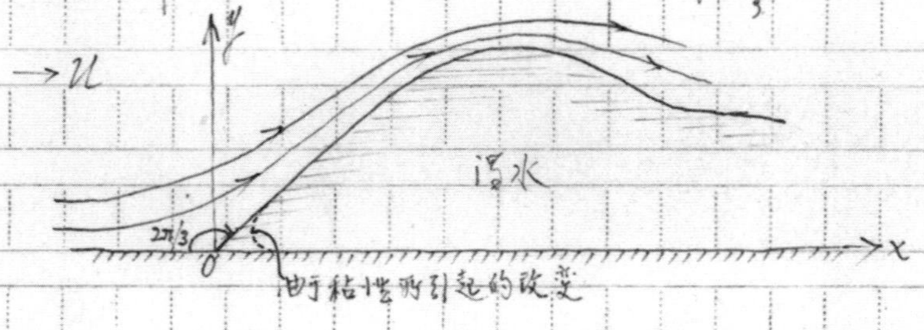

由于粘性所引起的改变

我们把滔水看作是完全静止的，而清水在 O 点有一个驻点，在那儿的压力为 p_0。那么如果清水的流速是 q，密度是 ρ_1，滔水的密度是 ρ_2，自然 $\rho_2 > \rho_1$，那么对清水来讲

$$\frac{1}{2}q^2 + \frac{p}{\rho_1} = gy = \frac{p_0}{\rho_1};$$

浊水是不动的，所以

$$\frac{p_0}{p_2} + g y = \frac{p_0}{p_2}，\quad 或 \quad \frac{p_0}{p_1} + g y_1 = \frac{p_0}{p_1}$$

在交界面上，以上两个公式同时正确，因此在交界面上

$$\frac{1}{2} q^2 + g\left(1 - \frac{p_2}{p_1}\right) y = 0，\quad 或 \quad \boxed{\frac{1}{2} q^2 = g y\left(\frac{p_2}{p_1} - 1\right)}$$

从以上的公式我们又看到边界条件是速度平方是和 y 成比例。这个情况和以前所讲的最大波幅波的情况实验相类似。我们可以用同一样的推论得到 O 点的角度为 2π/3，也就是说浊水侵入的角度为 π/3。但真实情况比较复杂，恐怕有些不同，因为浊水是侵入的前沿，它是运动着的；因此在污成形成边界后，在污浊的水会被海底面阻力拉回，使侵入角有所改变（如前所示）。

我们也可以容易地计算出侵入来浊水层的平衡高度 H。因为在那儿的障流速度是 u，所以用上面的公式

$$H = \frac{u^2}{2g\left(\frac{p_2}{p_1} - 1\right)}$$

例如：当 u = 1 米/秒，$p_2/p_1 = 1.002$，H ≈ 25 米。我们也知道当清水流世速是单向增加的，也浊水所形成的"障碍"，最后了传送到平衡高度 H，低交界面上一定要出现流速 q 的最大值。即速。从上面的流速和 y 的关系，我们

看得出来，它应的确定这个﹍最大值的要求，况必需追成﹍面上而﹍面的水的"头"，头的高度大于 H。

在这个问题上，我们都可以用前面所谈到的变数转换还是有用的。

在分界面上，也就是当 $\varphi > 0$，$\psi = 0$，

$$\frac{1}{3}\frac{\partial}{\partial r}(e^{3\tau}) = \varphi\left(\frac{\rho}{\rho_1}-1\right)\sin\theta$$

在河底，也就是当 $\varphi \leq 0$，$\psi = 0$，

$$\theta = 0$$

在远处，也就是当 $\varphi \to -\infty$，或 $\psi \to \infty$

$$\theta = 0, \qquad \tau = \ln u$$

再加上 $\left(\frac{\partial^2}{\partial\varphi^2}+\frac{\partial^2}{\partial\psi^2}\right)\left(\frac{\theta}{\tau}\right)=0$ 的两个﹍拉氏方程我们就能把问题完全定下来。当然，现在这样一个计算，也还都没有做出来，所以对许多其他性质我们无法予知。例如：侵入水层在"头"的后了会不会有波动的起伏？还是单向地接近 H？这我们还不知道，实验在这上也也没有明确的结果。这是一个有意思的问题。

水库的异重流问题

当河流溜水流入水库的时候，一面由于溜水的﹍会沙﹍﹍

水库

由于清水可能水库时间比较长，温度会高些，所以浊水的密度 ρ_2 比清水的密度 ρ_1 大些。浊水下沉，清水在上，形成如图所示的情况，如果我们在水库水面附近有一个界限分明的清浊分界。

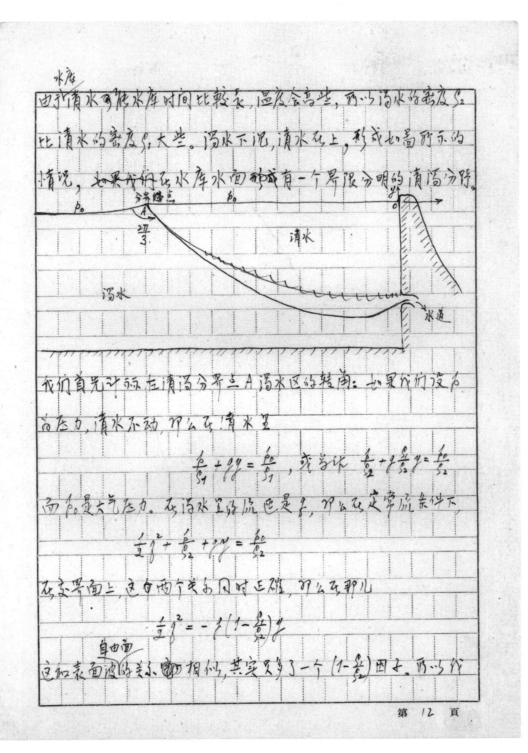

我们首先计算在清浊分界与 A 浊水区的转角：如果我们没有考虑压力，清水不动，那么在清水里

$$\frac{p}{\rho_1} + gy = \frac{p_0}{\rho_1} ，\text{或写作}\ \frac{p}{\rho_1} + g\frac{\rho_0}{\rho_1}y = \frac{p_0}{\rho_1}$$

面 p_0 是大气压力。在浊水里的流也是，那么在定常流条件下，

$$\frac{1}{2}q^2 + \frac{p}{\rho_2} + gy = \frac{p_0}{\rho_2}$$

在交界面上，这两个关系同时正确，那么在那儿

$$\frac{1}{2}q^2 = -g\left(1-\frac{\rho_1}{\rho_2}\right)y$$

自由面

这和表面波的关系很相似，其实只多了一个 $\left(1-\frac{\rho_1}{\rho_2}\right)$ 因子，所以我

们可以推断出：在A点的角是2π/3。如果我们略去浑清水界面因为形成驻点而产生的微小升高，那么清水区（在A点）的角度也可以认为是π/3。更准确的数值是比π/3略小。

现在我们再来研究出口的问题。在出口附近，如果浑水不溢出，光是清水溢出，那么在出口附近我们可以认浑水是静止的，只有清水是流动的，而流动速度为v。如果清水的密度是ρ_1，浑水的密度是ρ_2，那么在清水中的伯诺里方程式是

$$\frac{p}{\rho_1}+\frac{v^2}{2}+gy=常数$$

其中y是基准面（也就是离孔口远处的清浑交界面）至清水中某点的高程。

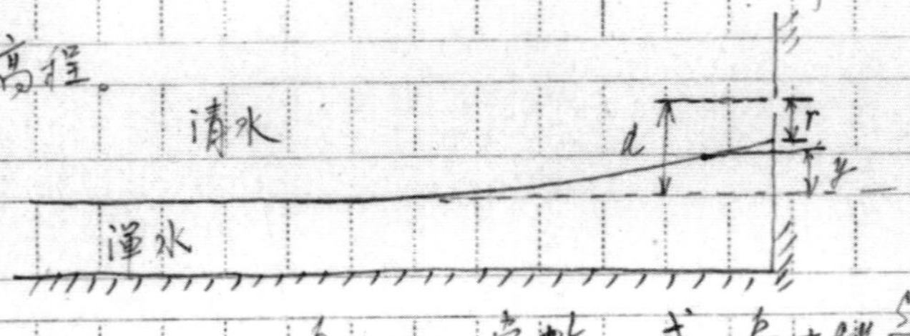

在浑水里，$\frac{p}{\rho_2}+gy=常数$，或 $\frac{p}{\rho_1}+gy\frac{\rho_2}{\rho_1}=常数$

因为在交界面的任何一点，压力必需相等，所以可以将以上两个相减而得到流速（在交界面上）和高程y之间的关系为

$$\frac{v^2}{2}=gy\frac{\rho_2-\rho_1}{\rho_1}+常数$$

但是照我们所用的座标来看，当离孔口远的地方，$v=0$，

$u=0$，因此上式了的审敬也等于0，因此

$$\frac{v^2}{2} = \frac{\rho_2 - \rho_1}{\rho_1} g q$$

光从这个公式是得不雨潭水升高去 r 的值的，我们还谭得雨整个流场的情况。现在我们考虑到孔口附近流场必然像一个汇点的流场（当然真地到了孔口，口的有一定大小的，不会是一个点；但在孔口附近的役态是大致对的），因此，如果我们设流场为二元的，也就是假没孔口宽度大，高度小，那么令于每一单位宽度的流量，v 的近似值是

$$v = \frac{q}{2\pi r}$$

把这个流速值代入上面的交界面关系式，得到

$$\frac{\rho_2 - \rho_1}{\rho_1} g(d-r) = \frac{q^2}{2\pi^2 r^2} \left(= \frac{v^2}{2} \right)$$

如果我们固定 q，那么公式左面的关系代表一条关系的直线，而 （欧骂）平面上 公式右面的关系代表一条双曲线型的曲线。我们看得出来，如果 d 小于某一般值，两条，

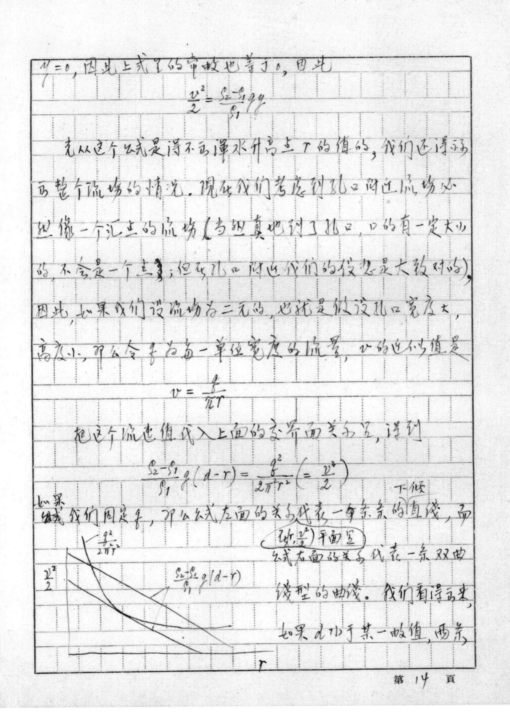

在临界情况下，r 有重根。

曲线将不会相交，断将不相交。让我们先来研究这种情况下 这种临界 d

的值，然后再研究它的物理意义：上面矢我了 3 次摆写成

$$r^3 - d^* r^2 + \frac{q^2}{2\pi^2} \frac{g_1}{g_2 - g_1} \frac{1}{g} = 0$$

而如果这个 3 次线代表 r_1 的重根，r_2 的单根，那么

$$(r - r_1)^2 (r - r_2) = 0; \qquad (r^2 - 2r_1 r + r_1^2)(r - r_2) = 0$$

或

$$r^3 - (2r_1 + r_2) r^2 + (r_1^2 + 2r_1 r_2) r - r_1^2 r_2 = 0$$

比较 这个公式，我们得到 $(r_1 + 2r_2) r_1 = 0$，或 $r_2 = -\frac{1}{2} r_1$

因此 $$r_1^3 = \frac{q^2}{\pi^2} \frac{g_1}{g_2 - g_1} \frac{1}{g}$$

而 $$\frac{3}{2} r_1 = d^*$$

也就是说 $$\left(\frac{2}{3} d^*\right)^3 = \frac{q^2}{\pi^2} \frac{g_1}{g_2 - g_1} \frac{1}{g}$$

这也等于说

$$\frac{g d^{*3}}{q^2} \frac{g_2 - g_1}{g_1} = \frac{27}{8\pi^2} = 0.342$$

我们说 d 如果小于 d^*，那就求不出来，也也就是说我们

所设想的那花求不出来，而并不是说水流流不动了。我们设把清

水不动，就是清水动；如果说这种流型不可能，那就是清水

必要流出孔口，净水不能不动。因此 d^* 的物理意义应当是：如果 $d > d^*$，净水不流出孔口；如果 $d < d^*$，净水流出孔口。从水头和孔口的尺寸，我们是能求出流量 q 的，有了 q 我们就能求出 d^*。如果我们要溢出净水，从而防止水库的淤积，那么 $d < d^*$，孔开得太高了是不行的。但是孔开得太低了，当不溢洪的时候又容易为泥沙所盖没，也不好；这使得 d^* 的意义更大了。

　　实验结果大体上符合我们的公式，只不过常数有些不同，

$$\frac{g d^{*4}}{q^2} \frac{\zeta_2 - \zeta_1}{\zeta_1} = 0.344$$

我们考虑到上面理论计算的粗略（使用了一个近似的速度分布），理论和实验的对比是可以满意的。

第八讲

泥沙问题

一般来说泥或沙都是由密度比水大的固体粒子所组成，那么在重力的作用下，这些比水重的粒子一定终于会下降。其所以在实际上能悬浮在水里是因为 1）水的分子有热运动，可以带动微细的粒子；2）水在运动的时候会在靠近固水的粘性而产生速度的梯度横向，粒子在有横向横度的流场作用下，能产生向上的升力；3）水流时在大多数情况下是已经形成湍流，其中的各式旋涡及不定常速度能举起沙粒不使它下降。但是无论是扎一种原故，它们都是因为水有分子运动或粘性才引起的：分子运动产生粘性产生湍流，没有粘性不会有湍流。因此，当我们研究泥沙问题的时候，我们不能完全脱离对水的粘性的考虑。

> 如果水无论是在宏观中或微观中都是完全静止的

渠道中泥沙的输移

我们如果研究泥沙在江或渠道中泥沙输移的情况，我们一般是说水流已经是湍流的，所以这里的问题是沙粒在湍流中运动的规律。如果水和沙的运动已经稳定下来，也就是说水流在一定沙床坡降（坡度）作用下已经定型，情况不会再在某些地方有什么变更。那么我们一般是我们一般看到沙或因泥沙的沉淀已经形成沉淀，但它沉淀不是固定不移的，而也可以是以很小的速度向水流方向移动。在沙岭之上，有一层含沙量比较多的浑浊水，其中含一部分粒径比较大的粒子。这里是湍流度最高的所在，水搅乱的最利害。再往上，水流的湍流度减小了，大一些的沙粒不能悬在水里了，泥沙的浓度也减小。到了泥水面，湍流的传播能力等于零，所以从湍流的角度来说，泥沙的稳定含量是零。自然，实际上还会有些极细的粒子作为胶体状态而悬浮在水中，但这是可以略去不计的。

我们由上面所说的一幅画图看来，河道中泥沙的问题有下列的几个部分：1）河底沙连的形成，它的波长，波形及波高；2）由于这种高低不平的河底所引起的湍流；3）泥沙及湍流水流的相互影响。三个部分又是相互联系的，湍流影响沙连的形成；湍流与流速的梯度有关，而梯度影响沙连的波长和波高。我们现在能够计算得有把握的只有在含沙量不太大的湍水流含沙分布，而这计算也是要先给定水流在河底附近的速度梯度，和河底附近的含沙量。因此我们可以说一个完整的河道泥沙输修理论尚未建立。

在这么一种情况下，工程师们就只有用实验方法来解决问题。但因实验不可能包括一切的参数变化，各个实验者只选择他解决问题所必需的一些参数，所以各个不同实验者所得到的经验公式也就不同了。我们收集一下就有二十个经验公式。因此我们用它们的时候，就一定要了解每一个公式背后的实验情况，所用参数的幅度等，不然就会用的不恰当，因而得不到可靠的结果。

含沙浓度的分布

我们现在来计算（不平衡状况下）含沙浓度的分布：我们将利用湍流中的（大涡旋）来作为搅动泥沙的原因。自然，如果大涡旋是各向同性的，那么再强的涡旋也不会产生什么使沙粒上升的力量。所以不光是大涡旋而是大涡旋的各向异性的程度是使沙粒能抵抗重力而悬浮在水中。（体将大涡旋各向异性）

的尺度是滿流中的传輸系數，ε。而 $\rho\varepsilon$ 是滿流粘性系數。也就是说如果滿流中的势力是 τ，V 为 x 向的速度，

$$\tau = \rho\varepsilon \frac{dV}{dy}$$

$\frac{dV}{dy}$ 流是横向速度的梯度了。我知道中 $\tau = \tau_0(1-\eta)$ 而 $(1-\eta)$ 是从水面量到 y 点的距离被水深 h 除的商。τ_0 自然是底面上的势应力了。但是我们在滿粗糙度为 k_s 的河床上，半理论半经验的对數速度公式

为

$$\frac{V}{u_*} = \frac{1}{K} \ln \frac{y}{k_s} + 8.5$$

其中 K 是卡门常数，而 y 是从 $y = k_s$ 起到 $y = h + k_s$，而 $\rho u_*^2 = \tau_0$，

右侧注记：我们如果认为说沙的浓度不太大它不影响水中的滿流情况，那么

$$u_* 为为摩阻速度。$$

$$\tau = \rho u_*^2(1-\eta) = \rho\varepsilon u_* \frac{1}{K} \frac{dy}{y}$$

所以

$$\varepsilon = u_* K y (1-\eta)$$

如果我们利用

$$h(1-\eta) = h + k_s - y, \qquad y = k_s + h\eta = k_s\left(1 + \frac{\eta}{r}\right)$$

而

$$r = k_s / h$$

故

$$\varepsilon = u_* K k_s \left(1 + \frac{\eta}{r}\right)(1-\eta)$$

现在我们来研究沙子上升及因重力动下降的平衡。如果 ΔS 为以体积计的含沙量（即单位体积水中沙的体积），那么向上升的沙流，也就是单位面积单位时间的沙的体积流量为

$$-\varepsilon \frac{d\Delta S}{dy}$$

但是如果沙粒在 <u>改动作用下的</u> 沉速度为 W，那么下沉流为 $W \cdot \Delta S$. 而总的风的净流动必须等于零，因为我们是在计亦平衡状况，也就是说沙浓度 ΔS 不因 y 这断面的不用而有所不同。因此

$$-\varepsilon \frac{d\Delta S}{dy} = W\Delta S = 0, \quad \text{也就是} \quad -\varepsilon \frac{d\Delta S}{dy} = W\Delta S$$

我们利用以前的传输系数 ε，那地也就是我们认为沉沙的浓度不太大，不会影响 风的紊流的情况，那么

$$\frac{u_* KT}{W}\left(1 + \frac{\eta}{r}\right)(1 - \eta)\frac{d\Delta S}{\Delta S} = -d\eta$$

也就是如果我们叫 $W/u_* K = \beta$，那么

$$d(\ln \Delta S) = \frac{\beta}{r} \frac{-d\eta}{\left(1 + \frac{\eta}{r}\right)(1-\eta)} = \beta \frac{-d\eta}{(r+\eta)(1-\eta)} = -\beta\left[\frac{1}{1-\eta} + \frac{1}{r+\eta}\right]\frac{d\eta}{1+r}$$

因此如果 ΔS_0 是底下的泥沙以传较计亦的浓度，那么

$$\ln \frac{\Delta S}{\Delta S_0} = \ln\left(\frac{1-\eta}{1+\frac{\eta}{r}}\right)^{\frac{\beta}{1+r}}$$

也就是

$$\boxed{\Delta S = \Delta S_0 \left(\frac{1-\eta}{1+\frac{\eta}{r}}\right)^{\frac{\beta}{1+r}}} \qquad 0 < \eta < 1.$$

$r = k_s/h$ 是总粗糙度和水深的比，它一般是很小的，因此我们可以把上面的公式写作

$$\boxed{\Delta S = \Delta S_0 \left(\frac{1-\eta}{1+\frac{\eta}{r}}\right)^{\beta}}$$

在这个公式里，W 是可以用实际方法来测定的，只要总粗糙度 k_s 和深度也是知道了之后，我们就能计亦出沙浓度的分布。计亦结果和实验测定相比是符合的。所以这个理论是可以用的。

当然，天然情况下，沙粒有大有小，因此在重力下的下沉速度也不会是

是一个常数。在这么一个情况下，我们如果认为沙粒之间的影响不大，细沙以细沙而保持上下的平衡；粗沙以粗沙而保持平衡。那么如果 $w(W)dW$ 是在沙中粒度使现在在 W 及 $W+dW$ 之间的几率，

$$\int_0^\infty w(W)dW = 1$$

那么 $\Delta S_0 = S_0 \, w(W)dW$

而 S_0 为关于沙以传统计算的浓度。所以如果 S 为在 η 一点 η 的总沙浓度，那么

$$\boxed{S(\eta) = S_0 \int_0^\infty w(W)\left(\frac{1-\eta}{1+\frac{\eta}{r}}\right)^{\frac{W}{\hat{K}u^*}} dW}$$

现在我们的必需，如果我们要计算沙水的输沙量，也就是每么方水流所输运沙的传移，我们又要把水分层，每层流沙的流量。也就是如果 ρ_s 为沙的密度，那么每么单位水流体积中的沙量 S^* 为（可按说能力）为

$$S^* = \rho_s \frac{\int_0^1 S(\eta)V d\eta}{\int_0^1 V d\eta} = \rho_s \frac{\int_0^1 S(\eta)\frac{u^*}{\hat{K}}\left[\frac{1}{\hat{K}}\ln(1+\frac{\eta}{r})+8.5\right]d\eta}{\int_0^1\left[\frac{1}{\hat{K}}\ln(1+\frac{\eta}{r})+8.5\right]d\eta}$$

现在我们必需说明：1) 我们的计算实际上是假设浑水的运动与清水一样，也就是说浑沙颗粒基本上能和水一起流动。这就要求浑沙粒和水之间的速度差必需远远小于水流的湍流速度，而湍流也正是了以用 Ku^* 来衡量的，所以我们的理论又能在 $W \ll Ku^*$ 的时候才准确。实验结果也证明它一点。2) 因此较粗的沙不能用这个理论；但也还没有其他很明确是定的理论。所以我们可以说对粗沙来讲，我们竟还没有了靠的计算方法。3) 我们的计算是假设先知道了 u^* 及 k_s 的基础上的，但是 u^* 及 k_s 和了浓沙速度及河床尚有关，这个关系现在

还不能明确下来,主要的是实验结果不够多。但就是水流情况和沙堆波长及波荡之间的关係,我们现在也还只有一些初步结果,还不能够建立有可靠的计算方法。 因此,整个论沙传输问题的理论是片断的,还没有一套完整的理论。

(可参看李保宰"二元渠道中流沙的输移和渠底的改变",力学学报,2卷2期)

浅水<u>或</u>情况下的沙堆波长

当水很浅的时候,水底沙堆的影响直接作用到水面,在水面上也形成一个波;自然,因为沙堆基本上是不动的(即使的速度非常小,比起水流速度来说也略去不计),所以水面波也是驻波。我们设水深为 h,在水底有沙堆,它的波长为 λ,也就是底面是

$$y = -h + A \sin \frac{2\pi x}{\lambda}$$

来设没有干扰的水面是 $y = 0$,水流速度为 u,所以如果把水流体看为基本上是上均匀的,而且可以用无旋、理想流体来看待的话,那么速度势 ϕ 为

$$\phi = ux + C \sin\frac{2\pi x}{\lambda} \sinh \frac{2\pi y}{\lambda} + D \cos\frac{2\pi x}{\lambda} \cosh\frac{2\pi y}{\lambda}$$

因此

$$v_x = u + \frac{2\pi}{\lambda}\left[-C \sin\frac{2\pi x}{\lambda} \sinh \frac{2\pi y}{\lambda} + D \cos\frac{2\pi x}{\lambda} \cosh\frac{2\pi y}{\lambda} \right]$$

$$v_y = \frac{2\pi}{\lambda}\left[C \cos\frac{2\pi x}{\lambda} \cosh \frac{2\pi y}{\lambda} + D \sin\frac{2\pi x}{\lambda} \sinh\frac{2\pi y}{\lambda} \right]$$

当 $y = -h$ 的时间,

$$v_y = \frac{2\pi}{\lambda}\left[C \cos\frac{2\pi x}{\lambda} \cosh \frac{2\pi h}{\lambda} - D \cos\frac{2\pi x}{\lambda} \sinh\frac{2\pi h}{\lambda} \right]$$

为了使流速能够顺着沙堆的表面

$$u \cdot A \cdot \frac{2\pi}{\lambda} \cos\frac{2\pi x}{\lambda} = \frac{2\pi}{\lambda} \cos\frac{2\pi x}{\lambda} \left[C \cosh\frac{2\pi h}{\lambda} - D \sinh\frac{2\pi h}{\lambda} \right]$$

也就是

$$uA = C \cosh \frac{2\pi h}{\lambda} + D \sinh \frac{2\pi h}{\lambda}$$

再 在自由面上，$y=0$， $v_x = u + \frac{2\pi}{\lambda}\left[D \sin \frac{2\pi x}{\lambda}\right]$

$$v_y = \frac{2\pi}{\lambda}\left[C \cos \frac{2\pi x}{\lambda}\right]$$

但是依照 Bernoulli 定理，如果 p_0 为大气压力，那么如果 B 为水面波的波幅，略去二次项不计，

$$p_0 + \frac{1}{2}\rho u^2 = p_0 + \frac{1}{2}\rho u^2 - \rho u \frac{2\pi}{\lambda} D \sin \frac{2\pi x}{\lambda} + g\rho B \sin \frac{2\pi x}{\lambda}$$

也就是说

$$u \frac{2\pi}{\lambda} D = g \cdot B \qquad 即 \qquad D = gB \frac{\lambda}{2\pi \cdot u}$$

在河底，在沙地表面，$y = -h$,

$$v_x = u + \frac{2\pi}{\lambda}\left[-C \sinh \frac{2\pi h}{\lambda} + D \cosh \frac{2\pi h}{\lambda}\right] \sin \frac{2\pi x}{\lambda}$$

但是如果说沙地形成状已经稳定下来，沙地不再变更，那么只有沙地表面的流速必是零效，在波峰上的速度等于在波谷上的速度。也就是说

$$+ C \sinh \frac{2\pi h}{\lambda} - D \cosh \frac{2\pi h}{\lambda} = 0$$

再说为了使流速能顺有自由面上的波，

$$uB \frac{2\pi}{\lambda} \cdot \cos \frac{2\pi x}{\lambda} = \frac{2\pi}{\lambda} C \cos \frac{2\pi x}{\lambda},$$

也就是

$$uB = C$$

用上面的 C 及 D 与 B 之间的关系，我们就得到

$$\frac{D}{C} = g \frac{\lambda}{2\pi \cdot u^2} = \tanh \frac{2\pi h}{\lambda}.$$

也就是说

$$\frac{2\pi h}{\lambda} \tanh \frac{2\pi h}{\lambda} = \frac{gh}{u^2}$$

在这种情况下，

$$\frac{B}{A} = \cosh\frac{2\pi h}{\lambda}\left[1 - \frac{g\lambda}{\mu^2}\frac{\lambda}{2\pi h}\tanh\frac{2\pi h}{\lambda}\right] = \cosh\frac{2\pi h}{\lambda}\left[1 - \tanh^2\frac{2\pi h}{\lambda}\right] = \frac{1}{\cosh\frac{2\pi h}{\lambda}}$$

也就是说 $B > A$，表面波幅比沙滩波幅大。这些结果都有实验的证明，是比较小的，习用的公式。

当然，我们的分析是一个线型的理论，因此也就无法来定出波高的绝对值。所以我们的计算只解决了问题的一半！

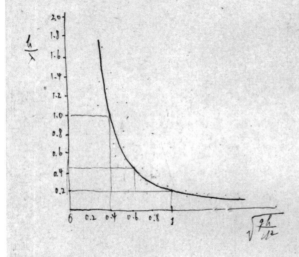

注释与说明

　　这份讲义手稿是 1958 年下半年钱学森老师在清华大学给第一届力学研究班学员讲授《水动力学》课程用的备课笔记。1956 年制订我国 12 年科学规划时,钱学森、钱伟长、郭永怀、张维等老师深感我国力学人才的匮乏,难以适应大规模经济和科学技术发展的需要。为此,在科学规划中列入了紧急开办力学研究班的措施:决定自 1957 年春起,抽调各高校的优秀应届毕业生、教师和研究所的技术人员共 120 余人参加学习,采用研究生班的规模化培养方式,学制二年。二年中,钱学森、钱伟长、郭永怀、林同骥、李敏华、郑哲敏、王仁、杜庆华等都亲自执教或指导论文,一时名师荟萃,群英毕至,盛况空前。他们为学员带来当时国际力学学科领域的最新成就与理念,使受业者眼界大开、学业猛进、受益终身,犹如在朦胧的迷途中,敞开了一片新的天地。这个班的学员们毕业后洒向全国,经过几十年的锤炼,造就成为一代力学学科的后续播种者;清华大学力学研究班先后办了三期,它在我国力学学科发展史上的重大作用得到业界公认,其功绩理应首归钱学森老师等一代宗师。

　　本份手稿的写就,距今已有近半个世纪。随着科技发展的突飞猛进,它不仅没有失去光彩,反而更加显示出它的醇厚芬芳、遒劲有力。首先,钱老师选材简赅精切,遴选的内容具有基础性、经典性,至今仍使人感到熠熠生辉;在阐述和推演过程中充分体现了哥廷根学派的重要理念:强调科学与技术、数学学科与应用学科紧密结合来解决工程关键问题;要求细致观察和了解物理现象,提炼出反映本质的物理模型,然后建立方程加以模化,用最有效的数学手段求出结果,从而掌握事物的基本规律。这也正是由钱老师率先提出并为科技界广泛接受的"力学是技术科学"精神的具体演示。本手稿的另一重要特色是清晰耐读,详略得体,推演细腻,覆盖全面;这样细致而又充实的备课笔记所体现的负责、求实、善诱、谆导的精神,足为后人示范。

　　作为本手稿注释者的我们两人,当年是第一届力学研究班的学员兼辅导教师。遗憾的是,钱老师授课时,我们两人因有他务而未能亲临听讲。这些年来凭借阅读杨文熊学长的听课笔记而受益。这次有幸得以详尽拜读手稿,收获和感触良多。我们认为给本手稿作导读性的注释是多余的。因此本注释的内容仅为手稿中文字上的笔误,以及在个别段落处为便于读者理解的少量提示。此外,还借助杨文熊学长当年认真而又详尽的听课笔记,将钱老师在课堂上讲课时所提供的某些重要补充作为注释。这些注释都未经钱老师本人审阅,不当和错误全系我们两人之责。

刘应中　何友声

2006 年 10 月

第一讲　表　面　波

(1) 第 6 页,倒 3 行:"让为"是"认为"之笔误。

(2) 第 7 页,第 3 行中的常数 ζ 与 14 行的自由面形状 ζ,不要混淆。

(3) 第 8 页,第 8 行:"所以质点轨迹",应该是"所以流线方程是",因为用的是流线方程。一般说来,对不定常问题,流线不和轨迹重合。但对当前的问题,流线方程不随时间而变,所以实际上,轨迹是与流线重合的。

(4) 第 8 页,倒 1 行:"流线是可以在 $z-$ 向移动的"后加注:"因为移动给人的印象是随时间变动位置,而这里流线不随时间变化,故为流线向 $z-$ 向延伸的意思。"

(5) 第 10 页,倒 5 行:"园"为"圆"之笔误。

(6) 第 11 页,1 行:"园"为"圆"之笔误。

第二讲　表面波(续)

(7) 第 15 页第 4 行末尾"很容易"之后加一注:这里是选定在以波速 c 移动的动坐标系中讨论的,这时运动变成定常的了。

(8) 第 15 页,第 11 行"……增加!"后加注:波长与水深之比很大者称为长波,反之称为短波。例如浅水时,$h \to 0$,对应于长波;当水深很大或有限水深时,对应于短波。

（9）第 16 页中间红字部分："我们看到如果要表面张力与引力占同等重要的地位，那么"之后可以加注：

$$\alpha\,\frac{\mathrm{d}^2\zeta}{\mathrm{d}x^2}\sim\alpha\,\frac{\zeta}{\lambda^2}，\text{则有}"\frac{\alpha}{\lambda^2}\sim\rho_2 g"，\text{从而}\ \lambda\sim\sqrt{\frac{\alpha}{\rho_2 g}}。$$

（10）在 16 页中间："我们知道 $\left(\dfrac{\partial\varphi_2}{\partial z}\right)_{z=0}=\dfrac{\partial\zeta}{\partial t}+u\,\dfrac{\partial\zeta}{\partial x}$"后可以加注：因为下层水有一个平行于 x 轴的速度 u，于是，对二维问题，自由面上一点 x，$z=\zeta(x,t)$ 的速度为

$$v_z=\frac{\partial\zeta}{\partial t}+\frac{\mathrm{d}x}{\mathrm{d}t}\frac{\mathrm{d}\zeta}{\mathrm{d}x}=\frac{\partial\zeta}{\partial t}+u\,\frac{\partial\zeta}{\partial x}。$$

因为此前给出的关系（见第 3 页）中没有流速。

（11）16 页倒 5 行："$a\sigma=-C_1 k$"处加注：这是因为上层空气本来是不动的，所以

$$\left(\frac{\partial\varphi_2}{\partial z}\right)_{z=0}=\frac{\partial\zeta}{\partial t}，\text{从而有}\ a\sigma=-C_1 k。$$

（12）17 页第 9 行："的最小值。也就是"处可加注：将上式看作波长的函数，即

$$F(\lambda)=\frac{g\lambda}{2\pi}\left(\frac{\rho_2-\rho_1}{\rho_2+\rho_1}\right)+\frac{2\pi\alpha}{\lambda(\rho_2+\rho_1)}$$

按极值条件 $F'(\lambda)=0$，可得这个关系。

第三讲　波　　阻

（13）19 页第 3 行："令波的周期为 λ"处加注：这里指波长，波浪在空间重复的周期。

（14）19 页倒 12 行："坚"为"竖"之笔误。

（15）19 页倒 9 行："ζ 的波高……"，注：这里指波面形状，而不是波高。

（16）22 页第 8 行：

$$g\delta(x)=c\,\frac{\partial(x,0)}{\partial x}\ \text{系}\ g\delta(x)=c\,\frac{\partial\varphi(x,0)}{\partial x}\ \text{之笔误。}$$

（17）23 页中多处出现的

$$f(z) = \mathrm{i}\,\frac{\mathrm{d}^2 w}{\mathrm{d}z^2} - \nu\,\frac{\mathrm{d}w}{\mathrm{d}z}$$

和 22 页倒 5 行定义的

$$\mathrm{i}\,\frac{\mathrm{d}w}{\mathrm{d}z} - \nu w = f(z) = \varphi' + \mathrm{i}\psi'$$

不是一个函数，请勿混淆。

　　（18）23 页第 9 行：在"可根据 Schwartz 对称原理"这里加一注：参看斯米尔诺夫《高等数学》（叶彦谦译），商务印书馆，1953 年，第三卷、第二分册，第 94 页"对称原理"。

　　（19）23 页第 15 行："二级极点"为"二阶极点"之笔误。

　　（20）26 页第 2 行："依照 Чаплыгин 公式"处可加注：参看柯钦、基柏尔、罗斯《理论流体力学》，卷一，第六章，第五节。

　　（21）27 页第 2 行末尾可加注：左边是个复数积分，根据积分线路的变换知道，该积分应该从极点 ih 的右边绕过。等式右端第一项就是绕过极点 ih 的半个留数，这样右端第二个积分中虽然在形式上含有极点 ih，但应该是取积分主值的。于是第 6 行引入的两个特殊函数就是实数，而且不含奇点了（第二个特殊函数只含有可去奇点）。第二行右端第一和第二个积分的积分限所以取为 $3ih$，是为了使第 4 行最后一个积分的上下限的绝对值成为相同的。

　　（22）在 27 页末尾可注：钱老师在课堂上曾补充指出，这里解是可以叠加的，但是得到的流体动力却不能叠加，因 Чаплыгин 公式中含有 $\left(\dfrac{\mathrm{d}w}{\mathrm{d}z}\right)^2$，是非线性的。例如，两个涡的速度势可以叠加，但是作用在两个涡上的力却要考虑两个涡的相互影响。

第四讲　水面滑行的平板

　　（23）在 28 页第一行标题之后加注：钱老师在课堂上补充指出：板在水面上靠滑行得到升力，与一般船舶靠浮力支撑者不同。为此先考虑作用在自由面上一点的力 F 所产生的解。

（24）30 页第 9 行的末尾可加一注：积分可以分解成以下右端的形式：

$$\int_0^\infty \frac{\mathrm{e}^{\nu x \xi}\mathrm{d}\xi}{\xi^2+1} = \frac{\pi}{2} - \int_0^\infty \frac{(1-\mathrm{e}^{\nu x \xi})\mathrm{d}\xi}{\xi^2+1}$$

是因为在 ν 小时，可以证明，后面的积分的首项是 $O(\nu)$ 的量阶，从而在后面（倒 7、8 行）的展开中未写出的首项是 $O(\nu^2)$ 的量阶。

（25）30 页倒 4 行，"平板上的压力分布是 $p-p_0=f(\xi)$，$0<\xi<b$"后参照笔记可加注：钱老师在课堂上补充指出：这里 b 是板长。平板在水面上滑行，平板处的水面斜率 α 是给定的，因为自由面形状必定符合平板，而压力分布是待求的，因此，求压力分布 $f(\xi)$ 必定归结为求解积分方程的问题了。

（26）34 页第 5 行："……引力……"为"……引入……"之笔误。

（27）34 页第 10 行："可以……"为"可是……"之笔误。

第五讲　浅水中的长波

（28）37 页倒 7 行末可按笔记加注：钱先生在课堂上补充指出：在无旋条件中以 $v_z=0$ 代入可得 $\dfrac{\partial v_y}{\partial z} = \dfrac{\partial v_x}{\partial z} = 0$，而无旋条件剩下：$\dfrac{\partial v_y}{\partial x} - \dfrac{\partial v_x}{\partial y} = 0$。

（29）37 页，倒 5 行："三面……"为"上面……"之笔误。

（30）38 页第 4 行中密度两字可加上引号，即"密度"。

（31）39 页第 1 行和第 2 行："深水"，在这里是指"浅水"。

（32）39 页第 4 行："$v^2 > g(h+c)$"为"$v^2 > g(h+\zeta)$"之笔误。

（33）39 页第 15 行："水槽起始的一头有一个在宽度变化上形似 Laval 喷口的槽，从而得到超临界速度流。在此以后槽宽就不改了"之后加注：水力学上实现超临界速度流的办法，一般是在深度方向改变槽底深度，例如将水流经过一个水坝后可以得到超临界流。

（34）39 页倒 4 行："浅因"为"浅固"之笔误。

（35）40 页第 7 行："$-g$"为"-1"之笔误。

（36）44 页，倒 2 行和倒 4 行中，一些打叉的项只是一些检查的记号，并不是消去的意思。

（37）45 页，倒 3 行和倒 6 行："ρ_1/ρ_0"为"$\bar{\rho}_1/\bar{\rho}_0$"之笔误。

第六讲　河流水动力学

（38）46 页第 5 行中"ds"及第 8 行中"$-\dfrac{\partial Q}{\partial s}\mathrm{d}x\Delta t$"，以后都将"ds"改成"dx"及"$\partial s$"改成"$\partial x$"了。

（39）46 页第 6 行，"断面"，指的是"断面面积"。

（40）48 页第 7 行，钱老师在课堂上对"$q\rho V$"项作如下解释：q 本身没有速度，$q\rho V\mathrm{d}x$ 为动量之变化。

（41）48 页，倒 10 行："犹"为"尤"之笔误。

（42）49 页，倒 6 行，钱老师在讲课时补充了下图：

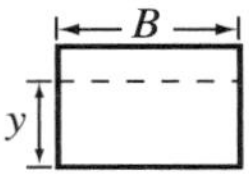

$$X=B+2y,\ \omega=By,\ R=\frac{\omega}{X}=\frac{y}{1+2y/B}$$

（43）50 页第 3 行之末可加注：钱老师在讲课时补充指出：故一般 $g-D^2/y^3\neq 0$，而且

$$g-D^2/y^3>0。$$

（44）51 页第 3 行在："$\cdots C/\varepsilon$ 的形式"后面加注：由于 51 页原第一行的式子被划掉，导致前后语句不顺，可改动如下："因为，$B>0$，$i>0$，所以我们可设在 $y=y^*$ 附近，50 页第 5 行的等式右边的积分核（讲义中成为积分子）具有 C/ε 的形式，C 为一个正的常数。"

（45）51 页第 3～4 行中关于 ε 为正或负趋近于 y^*，x 都趋于 $-\infty$，与所示图不符。

（46）52 页第 10 行，"以 u 速度向 x - 向进行的波"后可加注：u 是常数。

（47）53 页末尾可加一注：被积函数 $I(\eta)$ 有两个零点：$\eta=0$ 和 $\eta=\sqrt[3]{D^2/Gg}$，在 $\eta=0$ 附近被积函数 $I\sim\gamma\dfrac{D^2}{D\mid D\mid}\eta^{1/3}$，$D$ 和 I 都是负的。在 $\eta=0$ 和 $\eta=\sqrt[3]{D^2/g}$ 之间，水流是超临界的；大于 $\eta=\sqrt[3]{D^2/g}$，水流是亚临界的。被积函数 I 有两个奇点 y_0 和 y_1，设 $y_1>y_0$。它们分别由上面（倒 1、2 行）两个公式决定。在 y_0 和 y_1 点，有 $\dfrac{\mathrm{d}y}{\mathrm{d}\zeta}=0$，即水深不变。

第七讲　空　　化

(48) 56 页,倒 4 行:"犹"为"尤"之笔误。

(49) 57 页倒 2 行:"空蚀"为"空化"之笔误。

(50) 58 页,倒 10 行:"的移"为"而移"之笔误。

(51) 59 页第 3 行:"用"为"同"之笔误。

(52) 61 页第 3 行:"园"为"圆"之笔误。

(53) 61 页第 7 行:"因为 $\bar{q}=\dfrac{1}{\lambda}$, $\lambda \geqslant 1$",这里 $\bar{q}$ 应该是 $\bar{q}^*$,代表奇点在 $\bar{q}$ - 平面的位置。对照 60 页 $\bar{q}$ - 平面的图可知。

(54) 62 页倒 4 行末尾,钱老师在课堂上有如下补充:对于给定的板的宽度 b、来流的攻角 α、速度和压力,以及蒸汽压,可以由此式计算常数 C,即为偶强。

(55) 62 页最后一行,钱老师在课堂上有如下补充:

"$P=\dfrac{1}{2}\rho v_v^2 \displaystyle\int_{-1}^{1}(1-q\bar{q})\mathrm{d}z=\dfrac{1}{2}\rho v_v^2 b\left(1-\dfrac{1}{b}\int_{-1}^{1}t^2\mathrm{d}z\right)$,将第 4 行 dz 的表达式代入,得到"

(56) 66 页,倒 2 行:"犹"为"尤"之笔误。

(57) 在 67 页前加注:"钱老师在手稿中还提供了另一种推演正迎水的平板的解的方法如下:"在 69 页倒 2 行之末加注:"这一结果与 64 页 7 行的结果完全相同"。

(58) 67 页,倒 5 行:"园"为"圆"之笔误。

第八讲　非线性自由面及交界面问题

(59) 71 页第 9 行:"任"为"认"之笔误。

(60) 73 页第 11 行:"可以"为"可是"之笔误。

(61) 74 页第 3 行:"$\omega=\theta+\mathrm{i}\ln q$"之后加注:"$\omega=\theta+\mathrm{i}\tau$ 所以 $\tau=\ln q$,或 $\mathrm{e}^{\tau}=q$"。

(62) 80 页第 2 行:"图"为"示"之笔误。

(63) 80 页末行末尾漏掉"面"字。

（64）83 页第 5 行："口的"为"口是"之笔误。

（65）83 页第 9 行："假设孔口宽度大，高度 r 小，q 为每一单位宽度的流量，流速 v 的近似值是 $v = \dfrac{q}{\pi r}$" 后面加注："此式有待进一步查实"。

（66）由于时间安排关系，第八讲内容钱老师在力学研究班讲课时将它越过了。

第九讲　泥　沙　问　题

（67）86 页第八讲为讲课时的第八讲，实际应为第九讲。

（68）87 页，倒 9 行："方式"为"公式"之笔误。

（69）88 页，第 4 行："$\tau = \tau_0 (1-\eta)$" 后加注："钱老师在课堂上补充如下：设一小块重 $\rho g h (1-\eta) \times 1 \times 1 i = \tau$，可见 $\tau \propto (1-\eta)$，故可写成此式"。

（70）88 页最后一行末尾可加注：在深度方向的浓度梯度是 $\dfrac{\mathrm{d}\Delta S}{\mathrm{d}y}$，经过湍流扩散，泥沙的体积流量是 $\varepsilon \dfrac{\mathrm{d}\Delta S}{\mathrm{d}y}$，扩散的方向是从高浓度指向低浓度，故前面应该有一符号。这里是湍流的质量扩散系数，一般取为湍流的动量扩散系数，也就是湍流的黏性系数，或称湍流的传输系数。

（71）89 页第 3 行："用"是"同"的笔误。

（72）91 页倒 1 行末尾加注："钱老师在课堂上补充：在河底 $y = -h$ 上，流速顺着沙涟的表面，有：

$$\frac{\mathrm{d}y}{\mathrm{d}x} = A \, \frac{2\pi}{\lambda} \cos \frac{2\pi x}{\lambda} = \frac{v_y}{v_x} \approx \frac{v_y}{u} \text{。} "$$

（73）92 页第 3 行末尾加注：钱老师在课堂上纠正了一个符号，即

$$v_x = U + \frac{2\pi}{\lambda} \left(D \sin \frac{2\pi x}{\lambda} \right) \text{改为} v_x = U - \frac{2\pi}{\lambda} \left(D \sin \frac{2\pi x}{\lambda} \right)$$

下同。

（74）92 页 5 行末尾可加注：水面驻波波形为

$$y = B \sin \frac{2\pi x}{\lambda}$$

课堂笔记篇

（1958 年 11 月—1959 年 1 月）

（记录、整理者：魏良琰）

课堂笔记说明

　　50 年前，钱学森先生为清华大学工程力学研究班流体力学专业讲授水动力学课程，授课时间从 1958 年 11 月至 1959 年 1 月，共八讲，每讲四学时。2007 年上海交通大学出版社以钱学森著《水动力学讲义手稿》（以下简称《手稿》）为名影印出版了钱老师当年的备课笔记，刘应中教授与何友声院士为《手稿》写了注释与说明。对照我自己保存的听课笔记，感觉课堂讲授内容与《手稿》还是有不少不完全一样的地方。钱老师在课堂上经常临场发挥，许多生动的讲述和珍贵的治学思想，与《手稿》能够起到相辅相成、互相补充的作用。我的听课笔记历经岁月珍藏至今，已经半个世纪，我们这些当年的年轻学生也随之进入古稀之年。担心这份不仅属于我个人的宝贵财富可能会随时间湮没，因此不揣冒昧，仅就一己之力加以整理，以资共享，也算一点感恩的行动。希望将来能与其他学长的笔记共同整合，以求完整。最初只整理了"空泡、空蚀现象"和"泥沙问题"两讲，曾分寄几位学长，得到他们的鼓励。现在全部整理出来，终于了却一桩心愿。

　　为忠实历史原貌，这份整理稿的内容依照原始听课笔记采用逐字逐句照录；个别已发现的笔误和遗漏已改正；明显不连贯之处则参照《手稿》进行了补充。所有插图都按原始笔记复制。由于《手稿》中的第八讲《非线性自由面及交界面问题》没有在课堂上讲授，故笔记中的第八讲《泥沙问题》相当于《手稿》中的第九讲。

　　钱老师上课期间，力学班的学习生活即将结束，专题实习、集体编书、毕业鉴定等各项活动安排得很紧张，又正值"大跃进"、全民大炼钢铁等运动的高潮，故虽然听课时尽可能不放过钱老师的每一句话，但笔记还是难免错漏，课后又没有足够的时间消化和核对，至今时隔久远，更难彻底修正，只好留下遗憾了。如果出现什么问题，当然是记录者的责任。

　　敬希各位学长及阅者不吝指正。

魏良琰

2008 年 11 月

引　言

　　水动力学将液体看作不可压缩的无黏性液体,这是对自然界存在的液体的简化。实际液体是可以有黏性的。有什么理由可以这样简化呢?

　　(1) 压力不是太高,或压力差不是太高,使密度差小到可以忽略不计。怎样才算满意呢? 心目中应有一具体概念,即工程技术中到底要求到一个什么样的准确度。为了使计算能执行,计算的理论就不可能做得那样仔细。要做到很仔细并非原则上不可以,但计算工作量将很大,因此需要将问题简化,做一定程度的近似。

　　计算尺有三位,准确到千分之一。图表往往也是如此。工程上很少要求小于千分之一,有时要求更低些,带估计性的往往 10% 就够了,即只要一位数。压力小的密度变化在千分之一以下,可认为液体是不可压缩的。

　　(2) 黏性问题。除了附面层外,液体速度梯度不大,液体的应力也就小于千分之一,可以不考虑。

　　从工程实际出发,可了解为何能忽略压缩性和黏性。

　　水动力学解决的问题是否都已很满意呢? 问题总会有,否则科学就不会发展。例如船舶造波阻力,有些理论方法与试验结果比较有其成功之处,也有不满意之处。满意之处:以阻力为横坐标、速度为纵坐标,可见阻力并非平滑曲线。理论与实验是一致的,但最大阻力的高峰与实验不一致。有人说是因为没有把船身表面的附面层考虑进去,有了附面层就有了缓冲地带,波的作用就不如直接作用那样强。

　　水中掺了空气(高速水流问题),水动力学可以解释一下原因。水与空气交界面上当速度达 8 m/s 左右后不稳定,但掺气后仍未解决问题。

　　非线性问题。坝顶过水,水柱下来在坝面有波动,不是很平滑的,造成很大振动。这也是水动力学中未解决的问题,还没有很好的计算方法。

　　上面只是举几个例子,还有许多问题没有解决。水动力学并不是万能的,还有许多问题须加以研究。

　　水动力学中有一个领域看起来很重要,但力学工作者还没有走进去,就是自动控制元件中的液压控制。从事液压控制的力学工作者已走得很远了,也提出了不少有待解决的问题。

　　在生产方面许多有重要意义的工作,现在尚未开展。

第一讲　表面波[①]

1958 年 11 月 27 日

基本方程

出发点是不可压缩无黏性的液体运动,采用右手坐标系统。

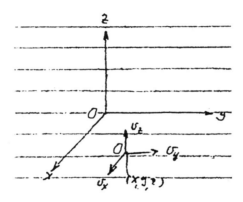

运动方程式:

$$\frac{\partial v_x}{\partial t} + v_x \frac{\partial v_x}{\partial x} + v_y \frac{\partial v_x}{\partial y} + v_z \frac{\partial v_x}{\partial z} = \underset{\substack{\text{单位质量液体作}\\\text{用的 } x \text{ 向体积力}}}{X} - \frac{1}{\rho} \frac{\partial p}{\partial x}$$

$$\frac{\partial v_y}{\partial t} + v_x \frac{\partial v_y}{\partial x} + y_y \frac{\partial v_y}{\partial y} + v_z \frac{\partial v_y}{\partial z} = Y - \frac{1}{\rho} \frac{\partial p}{\partial y}$$

$$\frac{\partial v_z}{\partial t} + v_x \frac{\partial v_z}{\partial x} + v_y \frac{\partial v_z}{\partial y} + v_z \frac{\partial v_z}{\partial z} = Z - \frac{1}{\rho} \frac{\partial p}{\partial z}$$

连续方程式:

---

① 本讲课堂命题为"波的运动",提示参看柯钦等著《理论流体力学》第一卷,第二分册,从 411 页开始。

$$\frac{\partial v_x}{\partial x}+\frac{\partial v_y}{\partial y}+\frac{\partial v_z}{\partial z}=0$$

有四个方程式,计算四个未知数 v_x、v_y、v_z、p,故问题是可以解决的。

设液体受地心引力平衡的水平面在 xOy 平面,怎样产生一个运动呢? 在水的表面上加压力来产生运动。它所作用的时间很小,加的力很大。冲一下(压力是个脉冲),力就拿开了,液体运动就开始了。加压力时间为 τ,当 $t=0$ 时,$v_x=v_y=v_z=0$,我们来研究加压后,即当 $t>\tau$ 时的运动问题。

要研究这样的问题,就把三个运动方程式从 0 到 τ 对时间求积分:

$$\int_0^\tau \left(\frac{\partial v_x}{\partial t}+v_x\frac{\partial v_x}{\partial x}+v_y\frac{\partial v_x}{\partial y}+v_z\frac{\partial v_x}{\partial z}\right)\mathrm{d}t=\int_0^\tau X\mathrm{d}t-\int_0^\tau\frac{1}{\rho}\frac{\partial p}{\partial x}\mathrm{d}t$$

$$\int_0^\tau\frac{\partial v_x}{\partial t}\mathrm{d}t=\left[v_x\right]_0^\tau=v_x(\tau)$$

整个方程积分可写作

$$v_x(\tau)+\underbrace{\int_0^\tau\left(v_x\frac{\partial v_x}{\partial x}+v_y\frac{\partial v_x}{\partial y}+v_z\frac{\partial v_x}{\partial z}\right)\mathrm{d}t}_{\text{有限}}=\underbrace{\int_0^\tau X\mathrm{d}t}_{\text{有限}}-\underbrace{\frac{1}{\rho}}_{\text{常数}}\frac{\partial}{\partial x}\overbrace{\int_0^\tau p\mathrm{d}t}^{\text{等价于}\int_0^\tau\frac{1}{\rho}\frac{\partial p}{\partial x}\mathrm{d}t}$$

时间短,压力大,$\tau\to 0$,$p\to\infty$,方程便可简化。

令 $\pi=\int_0^\tau p\mathrm{d}t=$ 压力的冲量,p 与空间点有关系,故 $\pi=\pi(x,y,z)$。 取

$$\pi=-\rho\varphi_0$$

$$-\frac{1}{\rho}\frac{\partial}{\partial x}\int_0^\tau p\mathrm{d}t=-\frac{\partial}{\partial x}\left(\frac{\pi}{\rho}\right)=\frac{\partial\varphi_0}{\partial x}$$

故

$$v_x(\tau)=\frac{\partial\varphi_0}{\partial x}$$

$$v_y(\tau)=\frac{\partial\varphi_0}{\partial y}$$

$$v_z(\tau)=\frac{\partial\varphi_0}{\partial z}$$

加压过程中速度是不大的,但速度对时间的微分即加速度很大,不能忽略。经过时间 τ 后的速度是某一空间函数 φ_0 的梯度:

$$v_x(x, y, z, 0) = \frac{\partial \varphi_0}{\partial x}$$

$$v_y(x, y, z, 0) = \frac{\partial \varphi_0}{\partial y}$$

$$v_z(x, y, z, 0) = \frac{\partial \varphi_0}{\partial z}$$

即运动的初始时刻是无旋的。要计算很容易: $\frac{\partial v_y}{\partial x} - \frac{\partial v_x}{\partial y} = 0$, ……

因为开始运动是无旋的,故在以后任何时间运动也是无旋的(Lagrange 定理)。这个定理可以给大家一个简单可接受的解释:若加在液体上的只是压力,液体质点不会转起来。没有与表面平行的力(黏性力),只有压力是产生不了旋的。这只是一个可以接受的解释,但不全面,因可压缩无黏性气体也可以有旋,这就较复杂一些。

既然无旋,就存在一速度势:

$$\varphi(x, y, z, t), \quad \varphi(x, y, z, 0) = \varphi_0$$

$$v_x = \frac{\partial \varphi}{\partial x}, \quad v_y = \frac{\partial \varphi}{\partial y}, \quad v_z = \frac{\partial \varphi}{\partial z}$$

有了这个关系,代入连续方程,就得出 Laplace 方程:

$$\Delta \varphi = \frac{\partial^2 \varphi}{\partial x^2} + \frac{\partial^2 \varphi}{\partial y^2} + \frac{\partial^2 \varphi}{\partial z^2} = 0$$

这就无须解三个方程式。知道它是无旋的以后,就可以把三个方程归并为一个方程,同时把计算压力 p 的问题简化了。首先是求速度势,第二步才求压力。

按 Bernoulli 定理:

$$\frac{p}{\rho} = -\frac{\partial \varphi}{\partial t} - \frac{1}{2} v^2 - V + F(t)$$

在我们的问题中体积力较简单,它就是一个重力场

$$V = gz, \qquad g \text{ 为重力常数}$$

$$X = -\frac{\partial V}{\partial x} = 0, \quad Y = 0, \quad Z = -g$$

$F(t)$ 是时间的函数,与空间点不相关。既然如此,可以不写出来,把它归并入 $\frac{\partial \varphi}{\partial t}$。令

$$\varphi' = \varphi - F(t)$$

则

$$\frac{\partial \varphi'}{\partial x} = \frac{\partial \varphi}{\partial x} - \overbrace{\frac{\partial F(t)}{\partial x}}^{=0} = v_x$$

变换后不影响速度势与速度的关系,但使写法简单化了。

$$\frac{p}{\rho} = -\frac{\partial [\varphi - F(t)]}{\partial t} - \frac{1}{2}v^2 - V$$

即[①]

$$\frac{p}{\rho} = -\frac{\partial \varphi}{\partial t} - \frac{1}{2}v^2 - V$$

现在要作一重要假设,这是问题的转折点。设所研究的波动是小干扰的:v_x,v_y,$v_z \neq 0$,但是也不大。其物理意义是:表面上产生了波,但力不大,故波幅相对波长不是很大,即波幅与波长之比很小,水面基本上是平的。当然,完全平就没有运动了。

计算只考虑所谓一阶小量,而忽略二阶以及高阶小量。例如 v_x 已经很小了,v_x^2 就更小,可以忽略,一阶小量就是那些线性项。$\frac{\partial \varphi}{\partial t}$ 能否忽略?它是由运动产生的,不能忽略。gz 不可忽略,因 z 可以很大。

$$v^2 = v_x^2 + v_y^2 + v_z^2 \approx 0$$

于是得简化后的压力关系:

---

① 已忽略 φ' 的撇号。

$$\frac{p}{\rho} = -\frac{\partial \varphi}{\partial t} - gz$$

要解方程式,还要了解边界条件和初始条件。

边界条件

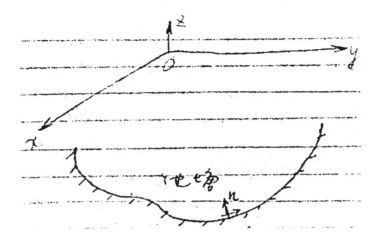

在静止的固体表面上,不能有法向速度分量:

$$\frac{\partial \varphi}{\partial n} = 0$$

在水面上,不论怎样变,压力总等于大气压力。即在自由面上,压力为 p_0:

$$\frac{p_0}{\rho} = -\frac{\partial \varphi}{\partial t} - gz$$

为了方便,令

$$\varphi' = \varphi + \frac{p_0}{\rho} t$$

这是可以的,因为不影响速度势与速度的关系。

$$\frac{\partial \varphi'}{\partial t} = \frac{\partial \varphi}{\partial t} + \frac{p_0}{\rho}$$

则压力关系可以改写为

$$\frac{p - p_0}{\rho} = -\frac{\partial \varphi}{\partial t} - gz \qquad (\varphi' \ 省去撇号)(\,*\,)$$

在自由面上，如何来描述这个自由面？（表面不平了）

$$z = \zeta(x, y)$$

代入自由面上的（ * ）式（在自由面上 $p = p_0$），得

$$0 = -\left[\frac{\partial \varphi(x, y, z, t)}{\partial t}\right]_{z=\zeta} - g\zeta$$

按 Taylor 级数展开

$$\underbrace{\frac{\partial \varphi}{\partial t}}_{\text{一阶小量}} = f$$

$$f(x, y, z, t) = f(x, y, 0, t) + \underbrace{\zeta\left(\frac{\partial f}{\partial z}\right)_{z=0}}_{\text{二阶}} + \underbrace{\frac{1}{2}\zeta^2\left(\frac{\partial^2 f}{\partial z^2}\right)_{z=0}}_{\text{三阶}} + \cdots$$

故

$$0 = -\frac{\partial \varphi(x, y, 0, t)}{\partial t} - g\zeta$$

如此，不是真正求 z 上面的数值，而只需考虑 xy 平面上的数值，因为 ζ 本身就是小量。

在 xOy 平面上（波动自由面上）有关系式：

$$\zeta = -\frac{1}{g}\frac{\partial \varphi}{\partial t} \qquad (**)$$

还可引入另一关系：

$$\frac{\partial \zeta}{\partial t} = -\frac{1}{g}\frac{\partial^2 \varphi}{\partial t^2}$$

在自由面上的一点 $(x, y, z = \zeta)$ 的速度为

$$v_x = \frac{\mathrm{d}x}{\mathrm{d}t}, \quad v_y = \frac{\mathrm{d}y}{\mathrm{d}t}, \quad v_z = \frac{\mathrm{d}z}{\mathrm{d}t} = \frac{\mathrm{d}\zeta(x, y, t)}{\mathrm{d}t}$$

$$\underbrace{v_z}_{=\frac{\partial \varphi}{\partial z}} = \frac{\partial \zeta}{\partial t} + \frac{\partial \zeta}{\partial x}\overbrace{\frac{\mathrm{d}x}{\mathrm{d}t}}^{v_x} + \frac{\partial \zeta}{\partial y}\overbrace{\frac{\mathrm{d}y}{\mathrm{d}t}}^{v_y}$$

其物理意义是,当这一点 (x,y,z) 随时间有运动。设波面倾斜度很小,后面二项可拿掉:

$$v_z = \frac{\partial \varphi}{\partial z} = \frac{\partial \zeta}{\partial t}$$

$$\frac{\partial \varphi}{\partial z} = -\frac{1}{g}\frac{\partial^2 \varphi}{\partial t^2}, \quad z=0 \qquad (**')$$

$(**)$ 式为线性化的自由面动力学边界条件,$(**')$ 为线性化的自由面边界条件。

初始条件(因是非定常运动,随时间变化,故须设初始条件)为

$$\zeta(x,y,0) = h(x,y) = -\frac{1}{g}f(x,y)$$

$$\left(\frac{\partial \varphi}{\partial t}\right)_{\substack{t=0 \\ z=0}} = f(x,y)$$

$$(\varphi_0)_{z=0} = -\frac{1}{\rho}(\varPi)_{z=0} = F(x,y)$$

所以有 $z=0$, $t=0$, $\varphi = F(x,y)$

可见,初始条件包括两个方面:① 波的形状;② 初始力量。现在有方程,有边界条件,有初始条件,问题就完全了。

下面是解的唯一性问题。

设 φ_1、φ_2 都满足边界条件,试问 $\varphi_1 - \varphi_2$ 是否也满足边界条件?

因为所有条件都是线性的,所以解可以叠加,故 $\varphi_1 - \varphi_2$ 也是解。研究一下初始条件,在 $z=0$, $t=0$ 时,有

$$\frac{\partial \varphi_1}{\partial t} = f(x,y)$$

$$\frac{\partial \varphi_2}{\partial t} = f(x,y)$$

初始条件变为

$$\frac{\partial \varphi}{\partial t} = 0$$

$$\varphi = 0$$

故边界形状没有动,也没有加压力,可得这样的结论:

$$\varphi \equiv 0$$

故在同样边界条件、初始条件之下,不可能有不同的解。开始不动,干脆就动不了,这是物理上的理解,不必再去做抽象的数学演算了。

第二种问题:不考虑运动怎样产生,只考虑运动是周期运动,且是有一定周期的运动,有一定频率 σ:

$$\varphi(x,\,y,\,z,\,t) = \cos(\sigma t + \varepsilon)\Phi(x,\,y,\,z)$$

在这种问题中当然不考虑初始条件,因为已将时间的关系规定了。

$$\Delta\Phi = \frac{\partial^2 \Phi}{\partial x^2} + \frac{\partial^2 \Phi}{\partial y^2} + \frac{\partial^2 \Phi}{\partial z^2} = 0$$

$$\frac{\partial\Phi}{\partial n} = 0 \text{(在不动面上)}$$

$$\frac{\partial\Phi}{\partial z} = \frac{\sigma^2}{g}\Phi \text{(在自由面 } z = 0 \text{ 上)}$$

这两种看法是有相互关系的。可以将不同频率的解叠加,就是初始条件的解(Fourier 积分);也可以将一个解分解为不同频率的解。不是两个问题,而是同一问题的两种看法。

先考虑具有周期性运动的解。

平面波

再简化一下,一切不依 y 而变化,即 x 相同,y 不同的各点运动都完全相同。

是否所有的波都这样呢? ① 许多波都这样,如果方向不这样,可将坐标换一下。② 复杂些,可以将不同方向的波叠加起来。故这样的方法是有具体实践意义的。这样就简单化了。

$$\varphi(x,y,z,t)=\varphi(x,z,t)=\cos(\sigma t+\varepsilon)\Phi(x,z)$$

所要满足的方程是 Laplace 方程：

$$\frac{\partial^2 \Phi}{\partial x^2}+\frac{\partial^2 \Phi}{\Phi y^2}=0$$

所要满足的边界条件：在自由面 $z=0$ 上，$\dfrac{\partial \Phi}{\Phi z}=\dfrac{\sigma^2}{g}\Phi$， $\zeta=-\dfrac{1}{g}\dfrac{\partial \varphi}{\partial t}$；在固定

面上，$\dfrac{\partial \Phi}{\partial n}=0$，设深水波中 $\varphi \to 0$， $z \to -\infty$，即 $\varphi=0$ 时，∞ 处干扰为 0。

具体求解也不是太困难，用分离变量法：

$$\Phi(x,z)=P(z)\sin k(x-\zeta)$$

k、ζ 是常数，ζ 与前面的 ζ 毫无关系，是两回事。

代入 Laplace 方程，得

$$P''(z)-k^2 P(z)=0$$

解很容易：

$$P(z)=C_1 \mathrm{e}^{kz}+C_2 \mathrm{e}^{-kz}$$

这里，不能让干扰在深水区越来越大，令 $C_2=0$，得到深水驻波解：

$$\Phi(x,z)=C\mathrm{e}^{kz}\sin k(x-\zeta)$$
$$\varphi(x,z,t)=C\mathrm{e}^{kz}\sin k(x-\zeta)\cos(\sigma t+\varepsilon)$$

要解决 k 与 σ 有没有关系？有关系！可应用自由面边界条件先求一下：

$$\frac{\partial \Phi}{\partial z}=Ck\mathrm{e}^{kz}\sin k(x-\zeta)$$

在 $z=0$ 处： $Ck\sin k(x-\zeta)=\dfrac{\sigma^2}{g}C\sin k(x-\zeta)$

要紧的是，这条件要对任何 x 都满足！

$$故 \quad k=\frac{\sigma^2}{g}, \quad 或 \quad \sigma^2=kg$$

当然，如果在 $\sin k(x-\zeta)=0$ 时是可以满足的。现在的要求比较高些，不只是

在某点满足。

$$\zeta = \frac{C\sigma}{g}\sin k(x - \zeta)\sin(\sigma t + \varepsilon)$$

如果
$$\frac{C\sigma}{g} = a, \quad \zeta = \varepsilon = 0$$

$$\zeta = a\sin kx \sin\sigma t$$

而令在 t 时间：
$$a\sin\sigma t = A$$

$$\zeta = A\sin kx$$

这是正弦波。波峰、波谷不是固定的，可以变化。但它不向别处传播，故称为驻波。

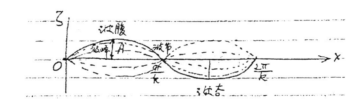

波长：$\lambda = \dfrac{2\pi}{k}$

周期：$\tau = \dfrac{2\pi}{\sigma}$

这样就得到一个关系：

$$\sigma = \frac{2\pi}{\tau}, \quad k = \frac{2\pi}{\lambda}$$

$$\sigma^2 = kg$$

$$\frac{(2\pi)^2}{\tau^2} = \frac{2\pi g}{\lambda} \rightarrow \tau^2 = \frac{2\pi\lambda}{g}$$

得出波长与周期的关系，这个关系值得大家想一想，周期与波长有关系，与液体的密度或 p_0 无关。不经过这番分析是不敢讲的，譬如水银波。

另外与表面压力 p_0 也无关，空气抽空或再加入些空气都不影响，有影响的是重力常数 g，g 越大周期越小，g 越小周期越大。在人造卫星上失重了，周期就很大;在月球上、火星上又不一样了。

　　现在来研究质点运动的速度和轨迹。

先求出速度:

$$v_x = \frac{\partial \varphi}{\partial x} = \frac{agk}{\sigma} e^{kz} \cos kx \cos \sigma t$$

$$v_z = \frac{\partial \varphi}{\partial z} = \frac{agk}{\sigma} e^{kz} \sin kx \cos \sigma t$$

直接计算求流线,在一条流线上,它的一段 dx、dz 变化,速度必然沿流线,故

$$\frac{dx}{v_x} = \frac{dz}{v_z} \quad \text{或} \quad \frac{v_z}{v_x} dx = dz$$

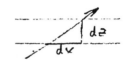

有了这个关系后得

$$\frac{\sin kx}{\cos kx} dx = dz$$

很容易积分

$$\ln |\cos kx| + kz = \text{const}$$

$$e^{kz} \cos kx = \text{常数}$$

值得我们再想一想,本来求的是流线,得出的关系中时间并不出现,即流线的形状并不随时间而变,故流线就代表了质点的轨迹。若流线随时间而变,则流线不代表轨迹。

　　当余弦为 0 时,e^{kz} 须为 ∞。

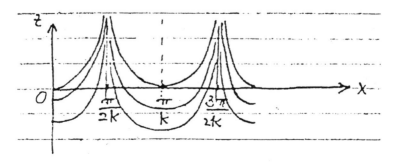

　　由于是小干扰,质点动得不是很厉害,只考虑每点在原来位置附近的摆动,可以用直线来代表。在平衡位置质点坐标是 x_0、z_0,在任何时间,dx/dt 真正照规矩算就是

$$\frac{\mathrm{d}x}{\mathrm{d}t} = a\sigma \mathrm{e}^{kz_0 + k(z-z_0)} \cos[kx_0 + k(x-x_0)]\cos \sigma t$$

可是因为 z 和 z_0 很小,可将指数中第二项忽略,……

$$\frac{\mathrm{d}x}{\mathrm{d}t} \approx a\sigma \mathrm{e}^{kz_0}\cos kx_0 \cos \sigma t$$

$$x - x_0 = a\mathrm{e}^{kz_0}\cos kx_0 \sin \sigma t$$

$$z - z_0 = a\mathrm{e}^{kz_0}\cos kx_0 \sin \sigma t$$

有这两个关系就可以求出:

$$\frac{z - z_0}{x - x_0} = \tan kx_0$$

可将质点运动简单地描写出来。

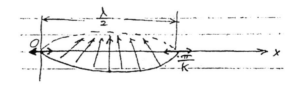

当 $x = 0$ 时,$\tan kx_0 = 0$,即 $\dfrac{z - z_0}{x - x_0} = 0$,即在波节处质点运动是水平的。波腹

位于 $x = \dfrac{\pi}{2k}$ 处,$\tan kx_0 = \infty$,故运动向上(垂直)。

主要需分析:① 波长与周期的关系,② 明确每个质点运动的形式。

有了这个结果,就可以用来计算行进波,如船波。我们已有的结果如下:

$$\varphi = C\mathrm{e}^{kz}\sin k(x - \zeta)\cos(\sigma t + \varepsilon)$$

$$= C\mathrm{e}^{kz}\sin kx \cos \sigma t, \quad \zeta = \varepsilon = 0$$

$$= C\mathrm{e}^{kz}\cos kx \sin \sigma t, \quad \zeta = \frac{\pi}{2k}, \varepsilon = \frac{\pi}{2}$$

这两个解性质上有些差别,即波峰与波谷的变化刚好相反。

现在将两个解叠加起来作为新的解。这是可以的,因线性方程的解可以
叠加。

$$\varphi = Ce^{kz}(\cos kx \sin \sigma t + \sin kx \cos \sigma t)$$

$$\varphi = Ce^{kz}\sin(kx + \sigma t)$$

$$\zeta = -\frac{1}{g}\left(\frac{\partial \varphi}{\partial t}\right)_{z=0} = -\frac{C\sigma}{g}\cos(kx + \sigma t)$$

$$\zeta = -a\cos(kx + \sigma t), \qquad \frac{C\sigma}{g} = a$$

$$\varphi = \frac{ag}{\sigma}e^{kz}\sin(kx + \sigma t)$$

现在从波的表面形状,看出波长

$$\lambda = \frac{2\pi}{k}$$

如果 $kx + \sigma t =$ 常数,则 ζ 不变,即波幅不变;反之亦然。或者说

$$x + \frac{\sigma}{k}t = 常数 = x_0$$

$$x = x_0 - \frac{\sigma}{k}t$$

故

$$\frac{\sigma}{k} = 波速 = c$$

波的传播方向是 x 的负方向,因 t 越大, x 越小。

同时再引用以前的关系:

$$\sigma^2 = kg, \quad c^2 = \frac{\sigma^2}{k^2} = \frac{g}{k}$$

故传播速度 $c = \sqrt{\dfrac{2\pi g}{2\pi k}}$,即

$$c = \sqrt{\frac{g\lambda}{2\pi}}$$

结论:传播速度与波长的平方根有关,而与液体密度、大气压力无关,但与

重力常数有关。

　　Кочин 的书中有算例列表,波长 λ 的单位为米;波速 c 的单位为米/秒;周期 τ 的单位为秒。假设 $\lambda = 50\,\text{m}$,则 $c = 8.83\,\text{m/s}$,$\tau = 5.6\,\text{s}$。 越是长波,传播速度越快。

比较:

$$\lambda \quad 50 \qquad 500\,000(海洋上)$$
$$c \quad 8.83 \quad 883(超声速)$$
$$\tau \quad 5.6 \quad 560$$

有人在海岸上量波的变化,因为超声速可以用来做天气预报。气象学家和海洋学家都在研究这个问题。

　　下面求在这种情况下流线的形状。照老办法,结果比较巧:

$$v_x = \frac{\partial \varphi}{\partial x} = a\sigma\,\mathrm{e}^{kz}\cos(kx + \sigma t)$$

$$v_z = \frac{\partial \varphi}{\partial z} = a\sigma\,\mathrm{e}^{kz}\sin(kx + \sigma t)$$

因此在任何 t 瞬间,流线形状

$$\frac{\mathrm{d}x}{v_x} = \frac{\mathrm{d}z}{v_z}$$

$$\frac{\sin(kx + \sigma t)}{\cos(kx + \sigma t)}\,\mathrm{d}x = \mathrm{d}z$$

这比较容易积分:

$$\mathrm{e}^{kz}\cos(kx + \sigma t) = \text{const}$$

在任一瞬间,流线与前面的没有什么改变,但因它随时间改变,流线是瞬间的,并不代表轨迹。

　　Кочин 书上有另外一个算法,采用流函数的算法。大家用它的算法时,可以看出有一个混乱:$\varphi + \mathrm{i}\Psi$,就是当你用的时候,不知道 Ψ 的表达式含不含时间。他事先知道,后来就说消去了。在算非定常流时,最好是规规矩矩地算。

　　质点运动的轨迹　假设任何一点,其平衡位置是 x_0、z_0,用 z_0 代 z,x_0 代 x:

$$\frac{\mathrm{d}x}{\mathrm{d}t}=v_x=a\sigma\,\mathrm{e}^{kz_0}\cos(kx_0+\sigma t)$$

$$\frac{\mathrm{d}z}{\mathrm{d}t}=v_z=a\sigma\,\mathrm{e}^{kz_0}\sin(kx_0+\sigma t)$$

得

$$x-x_0=a\,\mathrm{e}^{kz_0}\sin(kx_0+\sigma t)$$

$$-(z-z_0)=a\,\mathrm{e}^{kz_0}\cos(kx_0+\sigma t)$$

由此

$$(x-x_0)^2+(z-z_0)^2=(a\,\mathrm{e}^{kz_0})^2$$

这说明一质点在其平衡位置附近的运动是一个圆,而且圆圈随着原来位置的深度而变。在深处 z 是负值,减小得很快,如减小一个波长,则 e^{-6} 只为原来的 $1/500$,故海洋中不论波浪多大,深度大于一个波长后,就平安无事。所以坐潜水艇还是比较舒服的。

注意:① 进行波传播速度与波长平方根成正比,与重力常数有关;② 在表面上有活动,向下很快衰减;③ 驻波轨迹是直线;节点是水平方向;波峰沿垂直方向;进行波画小圈。

主要概念就是这些。整个问题有一个简化的基本假设:即波幅与波长相比很小,因此只考虑一阶小量,不考虑二阶小量。故方程是线性的,解可叠加。

第二讲　表面波(续)

1958 年 12 月 9 日

先解释两个问题:

(1) 为何用冲量来解释波的成因? 是为了简单、明了。具体做法不是原则性问题,因为无黏性不可压缩流体只能因压力作用产生波动,与作用时间长短没有关系。

(2) 黏性是否起作用(如风吹)? 风吹在水面上,当然引起附面层(如下图)变化。附面层的厚度很小,若波长(譬如1 m)大于附面层(譬如2 m)好几倍,黏性在其中不会起主要作用,而起局部修正作用。在较大范围内,不计黏性是正确的。

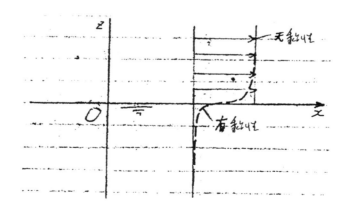

今天用另一种观点来看待这个问题。这只是从不同的观点看,并不改变客观存在实质,因此结果是一样的。

这是将非定常运动化为定常运动。让观察者跟着波一同前进,在他看起来波没有改变,化为定常运动。因该观察者以某一速度前进(无加速度)。

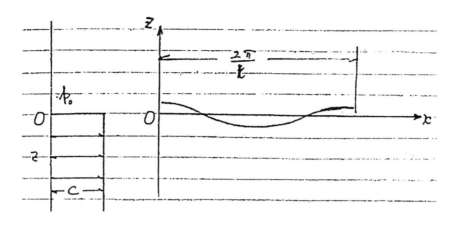

尚未产生波动时,人以速度 c 前进。

不可压缩无黏性无旋平面流动的复势为

$$w = \varphi + \mathrm{i}\psi = f(x + \mathrm{i}z)$$
$$= -c(x + \mathrm{i}z)$$

若速度是 c,则 $\varphi = -cx$。

产生波后,利用前面的结果,再加上一个:

$$\mathrm{i}\alpha c\,\mathrm{e}^{-\mathrm{i}k(x+\mathrm{i}z)}$$

这是否我们所需要的解呢? 可展开试试看:

$$w = \varphi + \mathrm{i}\psi = -c(x + \mathrm{i}z) + \mathrm{i}\alpha c\,\mathrm{e}^{kz}(\cos kx - \mathrm{i}\sin kx)$$

$$\varphi = -cx + \alpha c\,\mathrm{e}^{kz}\sin kx$$
$$\psi = -cz + \alpha c\,\mathrm{e}^{kz}\cos kx \qquad (\ast\ast\ast)$$
$$|\alpha| \ll 1$$

自由面本身也是一条流线,实际上就是

$$\psi = 0, \quad |z| \ll 1, \quad z \approx 0$$

故指数函数接近于 1,很容易求出

$$0 = -cz + \alpha c\cos kx$$

$$z = \alpha\cos kx$$

的确得到一个波动,但却是定常运动。

利用 Bernoulli 方程求压力：

$$\frac{p}{\rho} = -gz - \frac{1}{2}v^2 + \text{const}$$

$$
\begin{aligned}
v^2 &= \left(\frac{\partial \varphi}{\partial x}\right)^2 + \left(\frac{\partial \varphi}{\partial z}\right)^2 \\
&= (-c + \alpha c k\, e^{kz} \cos kx)^2 + (\alpha c k\, e^{kz} \sin kx)^2 \\
&\approx c^2 - 2\alpha c^2 k\, e^{kz} \cos kx
\end{aligned}
$$

改写式(∗∗∗)得

$$\alpha c\, e^{kz} \cos kx = \psi + cz$$

于是有

$$v^2 = c^2 - 2ck(\psi + cz) = c^2 - 2ck\psi - 2c^2 kz$$

$$
\begin{aligned}
\frac{p}{\rho} &= -gz + kc^2 z + kc\psi - \frac{1}{2}c^2 + \text{const} \\
&= (kc^2 - g)\alpha \cos kx + \text{const}
\end{aligned}
$$

在流线 $\psi = 0$ 上左端为常数，故右端也应为常数。但 x 为变数，故须

$$kc^2 - g = 0$$

得

$$c^2 = \frac{g}{k} = \frac{g\lambda}{2\pi}$$

即

$$c = \sqrt{\frac{g\lambda}{2\pi}}$$

$$\lambda = \frac{2\pi c^2}{g}$$

这与以前的结果一样。自然界参数间的关系不因人为的方法不同而不同。但这样可使计算简化。例如船的运动可视为水动船不动。这就化为定常运动，计算就简单得多。

群速度

现在有两个波，波幅相同，只是两者波长不一样，频率不一样。

$$\begin{cases} k, k' \\ \sigma, \sigma' \end{cases}; a \text{ 为波幅}; \quad \begin{array}{l} \sigma = \sqrt{gk} \\ \sigma' = \sqrt{gk'} \end{array}$$

$$\varphi = \frac{ag}{\sigma} e^{kz} \sin(kx - \sigma t) + \frac{ag}{\sigma'} e^{k'z} \sin(k'x - \sigma' t)$$

因为是线性方程，两个波动的速度势可叠加。

在自由面上：

$$\zeta = -\frac{1}{g} \frac{\partial \varphi(x, 0, t)}{\partial t} = a \left[\cos(kx - \sigma t) + \cos(k'x - \sigma' t) \right]$$

改写成

$$\zeta = 2a \cos\left(\frac{k + k'}{2} x - \frac{\sigma + \sigma'}{2} t \right) \cos\left(\frac{k - k'}{2} x - \frac{\sigma - \sigma'}{2} t \right)$$

$$k \approx k', \quad \sigma \approx \sigma'$$

$$\frac{k + k'}{2} \approx k, \quad \frac{\sigma + \sigma'}{2} \approx \sigma$$

这是一个很长的波。

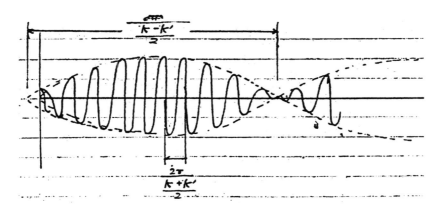

个别波传播速度 $c \approx \dfrac{\sigma}{k}\left(c = \dfrac{\dfrac{\sigma + \sigma'}{2}}{\dfrac{k + k'}{2}}\right)$。

波群的传播速度：

$$u = \frac{\dfrac{\sigma - \sigma'}{2}}{\dfrac{k - k'}{2}} \rightarrow \frac{\mathrm{d}\sigma}{\mathrm{d}k} = \frac{1}{2}\sqrt{g/k}$$

设 σ 与 σ'、k 与 k' 差别很小，则

$$u = \frac{\mathrm{d}\sigma}{\mathrm{d}k}$$

u 称为群速度而不是每一波的速度，也可求，因为

$$\sigma = \sqrt{gk}$$

所以

$$\frac{\mathrm{d}\sigma}{\mathrm{d}k} = \frac{1}{2}\sqrt{\frac{g}{k}} = \frac{1}{2}\frac{\sigma}{k} = \frac{1}{2}c$$

$$u = \frac{1}{2}c$$

群速度是个别波速的 1/2。

若看作长波叠加在短波上是不对的，这是两个相近短波叠加的结果，以致长波的波速反而小了，乍一看容易错。

长波和短波叠加是另一种形式。

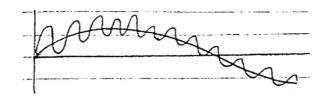

个别波移动时，波幅还在增加，看起来好像传播速度更快了。要考虑幅度不变，就要考虑波群速度。

任何两种波长相近的波叠加，这种处理都是可用的。

$$k=\frac{2\pi}{\lambda}, \quad \sigma=kc=\frac{2\pi c}{\lambda}$$

$$u=\frac{\mathrm{d}\sigma}{\mathrm{d}k}=\frac{\mathrm{d}\left(\frac{2\pi c}{\lambda}\right)}{\mathrm{d}\left(\frac{2\pi}{\lambda}\right)}=\frac{\mathrm{d}\left(\frac{c}{\lambda}\right)}{\mathrm{d}\left(\frac{1}{\lambda}\right)}=\frac{\frac{\lambda\,\mathrm{d}c-c\,\mathrm{d}\lambda}{\lambda^2}}{-\frac{\mathrm{d}\lambda}{\lambda^2}}$$

$$=c-\lambda\,\frac{\mathrm{d}c}{\mathrm{d}\lambda}=u$$

这是群速的一般关系式。这里并没有用到特殊于前述波的方法,只有当传播速度 c 与波长 λ 无关时,$c=u$。

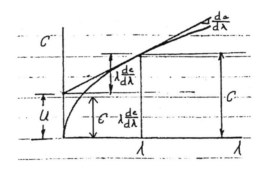

由此可见群速一定小于传播速度,若曲线相反(下图),则群速大于传播速度。

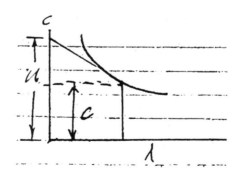

在有限深度液体中的波

采用前面给出的解的形式:

$$\varphi=\Phi(x,z)\cos(\sigma t+\varepsilon)$$

$$\frac{\partial^2 \Phi}{\partial x^2} + \frac{\partial^2 \Phi}{\partial z^2} = 0 \qquad\qquad (*)$$

令

$$\Phi(x, z) = P(z)\sin k(x - \xi)$$

代入（*）式得

$$P''(z) - k^2 P = 0$$

故得

$$P(z) = \begin{cases} e^{-kz} \\ e^{kz} \end{cases}$$

如果底在 $z = -h$，则当 $z = -h$ 时，有 $\dfrac{\partial \Phi}{\partial z} = 0$，见下图。

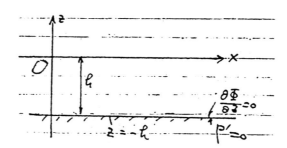

为了适合以上底面边界条件，可采用双曲正弦和双曲余弦的形式解：

$$P(z) = C\,\mathrm{ch}\,k(z + h) + C'\,\mathrm{sh}\,k(z + h)$$

这是原来解的组合，适于边界条件时，当 $z = -h$ 时，第二项为 0……
计算起来方便：

$$P' = Ck\,\mathrm{sh}\,k(z + h) + C'k\,\mathrm{ch}\,k(z + h)$$

$$z = -h, \quad P' = C'k = 0, \quad 故\ C' = 0$$

$$\varphi(x, z, t) = \underbrace{\mathrm{ch}\,k(z + h)\sin k(x - \xi)}_{\Phi}\cos(\sigma t + \varepsilon)$$

在自由面上，

$$\frac{\partial \Phi}{\partial z} = \frac{\sigma^2}{g}\Phi, \quad z = 0$$

$$\emptyset k \operatorname{sh} k(z+h) \sin k(x-\xi) = \frac{\sigma^2}{g} \emptyset \operatorname{ch} kh \sin k(x-\xi)$$

$$\sigma^2 = gk \operatorname{th} kh$$

$$\tau = \frac{2\pi}{\sigma} = \sqrt{\frac{2\pi\lambda}{g \operatorname{th} \dfrac{2\pi h}{\lambda}}}$$

自由面形状为

$$\zeta = -\frac{1}{g} \frac{\partial \varphi(x, 0, t)}{\partial t}$$

令 $\dfrac{c\sigma}{g} \operatorname{th} kh = a$，可得驻波解为

$$\zeta = a \sin k(x-\xi) \cos(\sigma t + \varepsilon)$$

$$\varphi = \frac{ag}{\sigma} \frac{\operatorname{ch} k(z+h)}{\operatorname{ch} kh} \sin k(x-\xi) \cos(\sigma t + \varepsilon)$$

进行波的传播速度为

$$c = \sqrt{\frac{g\lambda}{2\pi} \operatorname{th} \frac{2\pi h}{\lambda}}$$

可看出有限深度波的传播速度也只与波长、重力常数 g 有关,与密度、大气压无关。对于有限深的情况,式中出现 h/λ（深度与波长之比）,而不是深度单独出现。对于无限深情况,特征长只有波长;在有限深条件下,水深一定不单独出现,而是以问题中特征长度的比例出现,这是力学中常用的方法。

可以看出,若 h/λ 非常大,就得到无限深的结果。

对于深水情况:

$$\frac{h}{\lambda} \gg 1, \quad c \sim \sqrt{\lambda},$$

浅水情况:

$$\left| \frac{h}{\lambda} \right| \ll 1, \quad \operatorname{th} \frac{2\pi h}{\lambda} \approx \frac{2\pi h}{\lambda}$$

故

$$c = \sqrt{gh} \quad 变成常数,只与水深有关,与波长无关。$$

考察浅水波（单宽），有

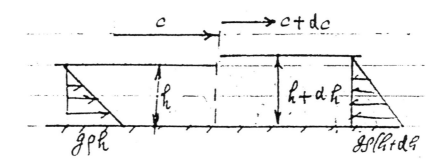

1）连续方程

$$ch \times 1 = (c + \mathrm{d}c)(h + \mathrm{d}h) \times 1$$

2）动量方程

$$\rho(c + \mathrm{d}c)^2(h + \mathrm{d}h) \times 1 - \rho c^2 h \times 1 = g\rho h \cdot \frac{1}{2}h - g\rho h \cdot \frac{1}{2}(h + \mathrm{d}h)$$

只计 $\mathrm{d}h$、$\mathrm{d}c$ 一阶小量，有

$$0 = c\,\mathrm{d}h + h\,\mathrm{d}c$$

$$2ch\,\mathrm{d}c + c^2\,\mathrm{d}h = -gh\,\mathrm{d}h \rightarrow ch\,\mathrm{d}c = -gh\,\mathrm{d}h$$

$$c = -g\,\frac{\mathrm{d}h}{\mathrm{d}c} = g\,\frac{h}{c}$$

$$c = \sqrt{gh}$$

这是台阶的传播速度，即波的传播速度，因为台阶可以分解成具有不同波长的波。Кочин 的书里的群速为

$$u = \frac{1}{2}c\left(1 + \frac{2kh}{\mathrm{sh}\,2kh}\right)$$

当水很深时，

$$u = \frac{1}{2}c$$

当水很浅时，

$$u = c$$

这也是对的，因为这时波速与波长没有关系。

空气与水交界面上的波

当波长较小时，表面张力的影响不可忽略，表面张力的产生当然是由于分子排列。如敲击脸盆，其中水的波长一般为 $1 \sim 2\,\mathrm{cm}$，敲得快的时候波长可减小至 $0.5\,\mathrm{cm}$。

波长较小时要考虑波的稳定性。例如水与空气界面的掺气问题。水力学家研究水流速度达 $6 \sim 7\,\mathrm{m/s}$ 时就掺气，这一定是由于水与空气的交界面不稳定，不能保持平滑的界面，而是搅在一起。

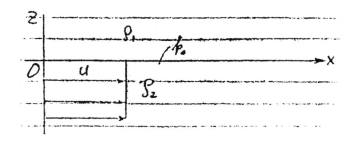

考虑空气 (ρ_1) 不动，水 (ρ_2) 以 u 前进，不考虑边界层。设这时表面上产生波，下面来研究波是否不稳定，希望能由此来认识掺气的原因。

上面(空气) $z > 0$，用不流动空气的解：

$$\varphi_1 = C_1 \mathrm{e}^{-kz} \sin(kx - \sigma t)$$

kz 前用负号是因为 ∞ 处无干扰。

水中

$$\varphi_2 = ux + C_2 \mathrm{e}^{kz} \sin(kx - \sigma t)$$

对于空气，在自由面上，$z = \zeta(x, t)$

$$\frac{p_1 - p_0}{\rho_1} = -\left(\frac{\partial \varphi_1}{\partial t}\right)_{z=0} - g\zeta$$

对于水

$$\frac{p_2-p_0}{\rho_2}=-\left(\frac{\partial\varphi_2}{\partial t}\right)_{z=\zeta=0}-\frac{1}{2}(v^2-u^2)-g\zeta$$

$$v^2-u^2=\left(\frac{\partial\varphi_2}{\partial x}\right)^2+\left(\frac{\partial\varphi_2}{\partial z}\right)^2-u^2\approx+2ukC_2\cos(kx-\sigma t)$$

得

$$\frac{p_2-p_0}{\rho_2}=C_2(\sigma-uk)\cos(kx-\sigma t)-g\zeta$$

$$p_1-p_0=C_1\rho_1\cos(kx-\sigma t)-\rho_1 g\zeta$$

$$p_2-p_0=C_2\rho_2(\sigma-uk)\cos(kx-\sigma t)-\rho_2 g\zeta$$

由于

$$p_1-p_2=\alpha\frac{\partial^2\zeta}{\partial x^2}\leftarrow\text{当曲度不大时曲度的近似值}$$

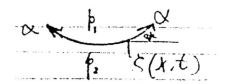

$$[C_1\rho_1\sigma-C_2\rho_2(\sigma-uk)]\cos(kx-\sigma t)-(\rho_1-\rho_2)g\zeta=\alpha\frac{\partial^2\zeta}{\partial x^2}$$

如果表面张力与引力两者同等重要

$$\rho_2 g\zeta\sim\alpha\frac{\zeta}{\lambda^2}$$

$$\lambda^2\sim\frac{\alpha}{\rho_2 g}$$

$$\zeta=a\cos(kx-\sigma t)$$

若波面为空气侧：

$$\left(\frac{\partial\varphi_1}{\partial z}\right)_{z=0}=\frac{\partial\zeta}{\partial t}$$

水侧：

$$\left(\frac{\partial\varphi_2}{\partial z}\right)_{z=0}=\frac{\partial\zeta}{\partial t}+u\frac{\partial\zeta}{\partial x}$$

按偏微分算，得

$$-C_1 k \sin(kx - \sigma t) = a\sigma \sin(kx - \sigma t)$$

$$a\sigma = -C_1 k; \quad C_1 = -a\left(\frac{\sigma}{k}\right)$$

$$a(\sigma - uk) = C_2 k; \quad C_2 = a\left(\frac{\sigma}{k} - u\right)$$

将 C_1、C_2 代入前面的公式,得

$$\left[-a\frac{\sigma}{k}\rho_1\sigma - a\left(\frac{\sigma}{k} - u\right)\rho_2(\sigma - uk)\right] - (\rho_1 - \rho_2)gd = -a\alpha k^2$$

又因

$$\frac{\sigma}{k} = c, \quad \frac{2\pi}{k} = \lambda$$

故

$$c^2\rho_1 + (c - u)^2\rho_2 + (\rho_1 - \rho_2)g\frac{\lambda}{2\pi} - \alpha\frac{2\pi}{\lambda} = 0$$

$$(\rho_1 + \rho_2)c^2 - 2u\rho_2 c + \left[u^2\rho_2 + (\rho_1 - \rho_2)\frac{g\lambda}{2\pi} - \alpha\frac{2\pi}{\lambda}\right] = 0$$

$$c = \frac{u\rho_2}{\rho_1 + \rho_2} \pm \sqrt{\underbrace{\left(\frac{u\rho_2}{\rho_1 + \rho_2}\right)}_{\text{甲}} + \underbrace{\frac{\rho_2 - \rho_1}{\rho_1 + \rho_2}\frac{g\lambda}{2\pi} + \frac{2\pi\alpha}{(\rho_1 + \rho_2)\lambda} - \frac{\rho_2 u^2}{\rho_1 + \rho_2}}_{\text{乙}}}$$

简化为

$$c = \frac{u\rho_2}{\rho_1 + \rho_2} \pm \sqrt{\frac{g\lambda}{2\pi}\frac{\rho_2 - \rho_1}{\rho_1 + \rho_2} + \frac{2\pi\alpha}{\lambda(\rho_1 + \rho_2)} - \frac{\rho_1\rho_2 u^2}{(\rho_1 + \rho_2)^2}} \quad (*)$$

$(*)$式中的方根数比第一项大抑或小,决定了 c 是正抑或负,当

$$0 < u < \sqrt{\frac{g\lambda}{2\pi}\frac{\rho_2 - \rho_1}{\rho_2} + \frac{2\pi\alpha}{\rho_2\lambda}} \text{ 时,}$$

有一个 c 是负的,也就是说波将逆流向而传播。

更有意义的是,选一波长,当 u 达一定值时,根号内部变成负的

$$c = \frac{\sigma}{k}, \quad \sigma = kc = kc_r \pm ikc_i$$

$$\zeta = a\cos(kx - \sigma t) = a\,\mathrm{Re}\,e^{i(kx - \sigma t)}$$

$$= a\,\mathrm{Re}\,e^{i(kx - kc_r t)\pm kc_i t}$$

$$= a\,e^{\pm kc_i t}\,\mathrm{Re}\,e^{i(kx - kc_r t)}$$

即有一部分波随时间越来越大。当波长为某值时,总可使(∗)式中根号下前两项和为最小

$$\frac{g}{2\pi}\left(\frac{\rho_2-\rho_1}{\rho_1+\rho_2}\right)-\frac{2\pi\alpha}{\lambda^2(\rho_1+\rho_2)}=最小值$$

可得

$$\lambda_m^2=(2\pi)^2\frac{\alpha}{g(\rho_2-\rho_1)}$$

$$\lambda_m=2\pi\sqrt{\frac{\alpha}{g(\rho_2-\rho_1)}}\approx2\pi\sqrt{\frac{\alpha}{g\rho_2}}=1.78(\text{cm})$$

如此求出

$$u<\sqrt[4]{\frac{4g\alpha(\rho_2-\rho_1)(\rho_1+\rho_2)^2}{\rho_1^2\rho_2^2}}$$

或

$$u<\sqrt[4]{\frac{4g\alpha}{\rho_2}\frac{\left(1-\frac{\rho_1}{\rho_2}\right)\left(1+\frac{\rho_1}{\rho_2}\right)^2}{\left(\frac{\rho_1}{\rho_2}\right)^2}}$$

空气与水的影响是存在的(因根式中存在分母 ρ_1/ρ_2)。

计算出无限深时

$$u<6.46\ (\text{m/s})$$

故当流速大于 6.46 m/s 时不稳定(对很小的波),可以估计,因为波很短,坡度大了因此空气搅到水中去了。故水力学家解释掺气现象是由水与空气界面上表面波的不稳定所引起的。经观测,当流速为 6 ～ 7 m/s 时就掺气,故两者是符合的。在 3 ～ 5 cm 浅水处,此结果仍是对的,除非水非常浅。

反之,若水不动,空气动,只是坐标系改了一下,以上分析基本不变,只是传播速度改为 $c-u$。 在新的问题中也可以照样处理。

设风吹水面,以 $c-u$ 为传播速度(参看 Kочин 的书中第 494 页):

$$\underset{c-u}{c}=-\frac{\rho_1 u}{\rho_1+\rho_2}\pm\sqrt{\frac{g\lambda}{2\pi}\frac{\rho_2-\rho_1}{\rho_1+\rho_2}+\frac{2\pi\alpha}{\lambda(\rho_1+\rho_2)}-\frac{\rho_1\rho_2 u^2}{(\rho_1+\rho_2)^2}}$$

故风速超过上述同一数值时,也是不稳定的。但要注意,只有风将水吹皱成短波时可以解释。但风吹水是另一种现象。因我们研究的是小干扰,在波幅增大时(大干扰)风吹水与水带气是不一样的。因水的密度大,可以搅空气(水的密度为空气密度的 770 倍);而空气的密度小,只能把水吹成波长很短的波。但风成波(海浪)问题至此并没有解决。因波长太小,此一问题尚未彻底解决。假设因干扰已形成某种波,风力可起激发的作用:风吹过波面产生旋涡,风对波做功,使波幅增加。但须考虑黏性分离现象,否则理想不可压缩流体是没有压差的。但黏性流体中害怕分离,故此一现象尚未很好地解决。

当波幅较大时,计算很麻烦,在数学上已经解决了。

(1) 当波幅与波长相比小于 1/10 时,误差不明显,达 1/2 时才明显。

(2) 自由面稳定性问题。力学工作中总是先计算平衡(静或动)情况,在一般情况下就不再进行计算。进一步研究平衡是否稳定时发现平衡不稳定,就是在某些情况下不稳定,某些情况下稳定,需要找出分界线。这种问题在力学中广泛存在,如弹性稳定、细长柱稳定问题、片流附面层稳定问题、液膜冷却问题(物体表面高热冷却问题:水进去得太深就不稳定了)。

故力学中常遇到两个问题:一是平衡;二是发生,关键性的问题就是稳定。对于小干扰问题一定采用线性的计算,方法就像刚才的计算,其稳定性很好,一不稳定就要另想办法。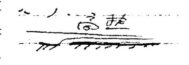

片流附面层与湍流附面层的问题也是如此。

第三讲　波阻

1958 年 12 月 12 日

波的能量

物体在有自由面的水中运动时，有波阻。

回到深度为 h 的水中的表面波（不考虑表面张力），我们要研究一下波的运动所包含的能量。设波长较大——不考虑表面张力。

$$v_x = \frac{\partial \varphi}{\partial x}, \quad v_z = \frac{\partial \varphi}{\partial z}$$

$$v^2 = \left(\frac{\partial \varphi}{\partial x}\right)^2 + \left(\frac{\partial \varphi}{\partial z}\right)^2$$

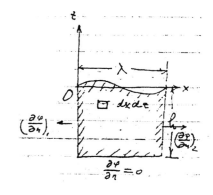

动能

$$T = \frac{1}{2}\rho \iint_S \left[\left(\frac{\partial \varphi}{\partial x}\right)^2 + \left(\frac{\partial \varphi}{\partial z}\right)^2\right] \mathrm{d}x\,\mathrm{d}z$$

我们研究在一个波长范围内从水面到水底的体积的能量。利用 Green 定理将此积分简化：

$$T = \frac{1}{2}\rho \int_L \varphi\,\frac{\partial \varphi}{\partial n}\mathrm{d}s$$

L 是 s 的边界，n 是 L 的外法向，$\dfrac{\partial \varphi}{\partial n}$ 是法线方向的速度。计算就简单得多了。

在水底 $\dfrac{\partial \varphi}{\partial n}=0$。 在左右两个断面，因为中间是一个周期，所以速度相同（同方向，同量）：

$$\left(\varphi\,\frac{\partial\varphi}{\partial n}\right)_1 = -\left(\varphi\,\frac{\partial\varphi}{\partial n}\right)_2$$

故线积分在三条线上都没有,只剩下表面。由于波长较大,所以动能为

$$T = \frac{1}{2}\rho\int_0^\lambda \varphi\left(\frac{\partial\varphi}{\partial z}\right)_{z=0}\mathrm{d}x$$

势能

只要考虑波与原来平衡表面的差别就行了,势能可写为

$$V = \frac{1}{2}\rho g\int_0^\lambda \zeta^2\,\mathrm{d}x$$

现在我们可以直接计算了。

驻波

$$\varphi = \frac{ag}{\sigma}\,\frac{\operatorname{ch}k(z+h)}{\operatorname{ch}kh}\sin kx\cos\sigma t$$

$$\zeta = a\sin kx\sin\sigma t$$

$$\sigma^2 = gk\operatorname{th}kh$$

$$\frac{\partial\varphi}{\partial z} = \frac{agk\operatorname{sh}k(z+h)}{\sigma\operatorname{ch}kh}\sin kx\cos\sigma t$$

动能

$$T = \frac{1}{2}\rho\,\frac{a^2g^2k\operatorname{sh}kh}{\sigma^2\operatorname{ch}kh}\cos^2\sigma t\underbrace{\int_0^\lambda\sin^2 kx\,\mathrm{d}x}_{\lambda/2}$$

$$= \frac{1}{2}\rho\,\frac{a^2g^2k}{\sigma^2}\operatorname{th}kh\cos^2\sigma t\,\frac{\lambda}{2}$$

$$= \frac{1}{2}\rho a^2 g\,\frac{\lambda}{2}\cos^2\sigma t$$

$$T = \frac{\rho a^2 g\lambda}{4}\cos^2\sigma t$$

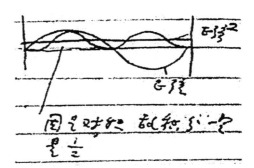

势能

$$V = \frac{1}{2}\rho g a^2 \sin^2 \sigma t \int_0^\lambda \sin^2 kx \, \mathrm{d}x$$

$$V = \frac{\rho a^2 g \lambda}{4}\sin^2 \sigma t$$

故结果有三条（值得注意的是水深在此不出现）：

（1）对驻波来讲，一波长内的动能和势能为

$$T + V = \frac{\rho a^2 g \lambda}{4}$$

与时间没有关系，是一个常数。

（2）动能与势能永远是相互转换的，动能为 0 时势能最大，反之亦然。

$$T \rightleftharpoons V$$

（3）动能的平均值等于势能的平均值。

进行波

$$\varphi = \frac{ag}{\sigma}\,\frac{\operatorname{ch}k(z+h)}{\operatorname{ch}kh}\sin(kx - \sigma t)$$

$$\zeta = a\cos(kx - \sigma t)$$

代入公式，同样计算得出，在一波长内

$$T = V = \frac{\rho a^2 g \lambda}{4}$$

动能永远等于势能，不随时间而变。

$$T + V = \frac{\rho a^2 g \lambda}{2}$$

为何变成 1/2，回想一下，我们是把两个同样的驻波叠加，所以能量成为驻波的 2 倍。

单位长度的能量如下：

驻　波　$\dfrac{\rho a^2 g}{4}$

进行波　$\dfrac{\rho a^2 g}{2}$

能量的转移

以无限深度进行波为例,有

$$\varphi = \frac{ag}{\sigma}\mathrm{e}^{kz}\sin(kx-\sigma t)$$

$$v_x = \frac{\partial\varphi}{\partial x} = \frac{agk}{\sigma}\mathrm{e}^{kz}\cos(kx-\sigma t) = a\sigma\mathrm{e}^{kz}\cos(kx-\sigma t)$$

$$(\sigma^2 = gk)$$

按照以前的计算,在我们的准确度之下,有

$$\frac{p-p_0}{\rho} = -\frac{\partial\varphi}{\partial t} - gz$$

$$= ag\mathrm{e}^{kz}\cos(kx-\sigma t) - gz$$

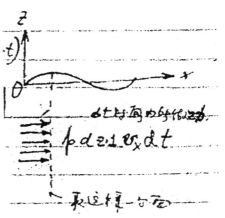

取这样一个面(垂直于 Ox 轴),在它的 $\mathrm{d}z\times1$ 面元上,压力在 $\mathrm{d}t$ 时间内所做的功为 $p\,\mathrm{d}z\times1 v_x\,\mathrm{d}t$

$$pv_x\,\mathrm{d}z\,\mathrm{d}t = [a^2 g\sigma\rho\mathrm{e}^{2kz}\cos^2(kx-\sigma t) +$$

$$(p_0-\rho gz)a\sigma\mathrm{e}^{kz}\cos(kx-\sigma t)]\mathrm{d}z\,\mathrm{d}t$$

在一个时间周期 $t=T=\dfrac{2\pi}{\sigma}$ 内平均

$$\frac{1}{2\pi/\sigma}\int_0^{\frac{2\pi}{\sigma}} pv_x\,\mathrm{d}z\,\mathrm{d}t = \frac{\pi}{\sigma}a^2 g\sigma\rho\mathrm{e}^{2kz}\,\mathrm{d}z$$

在一个时间周期 $\dfrac{2\pi}{\sigma}$ 内的能量转移为

$$W = \pi a^2 g \rho \underbrace{\int_{-\infty}^{0} e^{2kz} dz}_{\frac{1}{2k}}$$

$$= \frac{\pi a^2 g \rho}{2k} = \frac{a^2 g \rho \lambda}{4}$$

求出单位时间的平均功率：

$$\frac{W}{\frac{2\pi}{\sigma}} = \frac{\cancel{\pi} a^2 g \rho \sigma}{2\cancel{\pi} \cdot 2k} = \frac{a^2 g \rho}{4} c$$

即单位时间压力所做的功（从表面到底），而

$$\frac{W}{2\pi/\sigma} = \left(\frac{a^2 g \rho}{2}\right)\underbrace{\left(\frac{c}{2}\right)}_{u}$$

其中 $\frac{1}{2} a^2 g \rho$ 是代表平均每单位 x 方向的总能量，故能量传播速度是 $c/2$，即以前算出的群速度。

波阻   能量传递的目的，是找一个一般的计算波阻的公式。

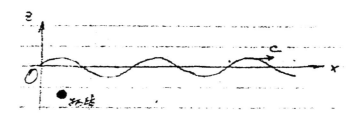

波的传播速度必须与固体一致。否则，物体以常速运动，而波却是非定常的，受的力也会随时间而变，这是不合理的。人随物体走，波总是定常的。如果原来还有别的波，当然不一样。

设 E 为每单位长度波的总能，观察者跟波走，波就没有动，否则每单位时间拉长 c 的距离。但 Ec 不是真正的波能，因为有一部分 Eu 是传过来的，故真正波阻的能应是 $Rc = (Ec - Eu)$，这个能一定是由物体的阻力产生的，故

$$R = E\left(1 - \frac{u}{c}\right)$$

即

$$R = \frac{E}{2} = \frac{a^2 g\rho}{4}$$

这就是造波阻力,很简单。量纲是力除以长度。

潜水的旋涡

将坐标符号改一下:

$$\begin{aligned} x &\to x \\ z &\to y \end{aligned} \qquad z = x + \mathrm{i}y$$

复速度势:$w = \varphi + \mathrm{i}\Psi$

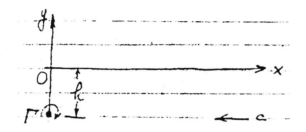

在 $z = -\mathrm{i}h$ 的点有一个强度为 Γ 的旋涡,在 $x = +\infty$ 处水速是 $\varphi_x = -c$,真正的速度势(总的)为

$$w = \Phi + \mathrm{i}\Psi = w - cz$$

$$\Phi = \varphi - cx$$

$$\Psi = \psi - cy$$

若无 φ、ψ,则无旋涡存在,故 φ、ψ 是由旋涡所产生的干扰。

采用 Bernoulli 公式:

$$p = C - \frac{1}{2}\rho(v_x^2 + v_y^2) - \rho gy$$

$$v_x = \frac{\partial \Phi}{\partial x} = \frac{\partial \varphi}{\partial x} - c$$

$$v_y = \frac{\partial \Phi}{\partial y} = \frac{\partial \varphi}{\partial y}$$

得
$$p = C - \frac{1}{2}\rho c^2 + \rho c \frac{\partial \varphi}{\partial x} - \frac{1}{2}\rho \left[\left(\frac{\partial \varphi}{\partial x} \right)^2 + \left(\frac{\partial \varphi}{\partial y} \right)^2 \right] - \rho g y$$

在自由面上，令 $y = \delta(x)$。φ 是旋涡所形成的干扰，Γ 为旋涡强度。设旋涡强度很小，或离水面足够远，因而对水面干扰很小。

$$p_0 = C - \frac{1}{2}\rho c^2 + \rho c \left(\frac{\partial \varphi}{\partial x} \right)_{y=0} - \rho g \delta(x)$$

若没有旋涡

$$p_0 = C - \frac{1}{2}\rho c^2$$

两者之差为

$$0 = \rho c \left(\frac{\partial \varphi}{\partial x} \right)_{y=0} - \rho g \delta(x)$$

由此关系，得出自由面上的边界条件

$$g \delta(x) = c \frac{\partial \varphi(x, 0)}{\partial x}$$

因为在自由面的前方不应该有干扰，所以有条件

$$\lim_{x \to \infty} \delta(x) = 0$$

在自由面上 $\Psi = 0$

$$0 = \psi(x, 0) - c \delta(x)$$

$$\frac{\partial \varphi(x, 0)}{\partial x} = \frac{g}{c}\delta(x) = \frac{g}{c^2}c\delta(x)$$

$$= \frac{g}{c^2}\psi(x, 0)$$

令 $\nu = \dfrac{g}{c^2}$，在 Ox 轴上得

$$\frac{\partial \varphi}{\partial x} = \nu \psi$$

写成复变函数：

$$\frac{\partial \varphi}{\partial x} = \mathrm{Re}\,\frac{\mathrm{d}w}{\mathrm{d}z} = \mathrm{Im}\,\mathrm{i}\,\frac{\mathrm{d}w}{\mathrm{d}z},$$

$$\psi = \mathrm{Im}\,w$$

可换写为在 Ox 轴（实轴）上得

$$\mathrm{Im}\left\{\mathrm{i}\,\frac{\mathrm{d}w}{\mathrm{d}z} - \nu w\right\} = 0 \qquad\qquad (*)$$

以下再做一部分工作：

$$\mathrm{i}\,\frac{\mathrm{d}w}{\mathrm{d}z} - \nu w = f(z) = \varphi' + \mathrm{i}\psi'$$

$$\frac{\mathrm{d}f}{\mathrm{d}z} = \frac{\partial \varphi'}{\partial x} - \mathrm{i}\,\frac{\partial \varphi'}{\partial y}$$

$$= \frac{\partial \psi'}{\partial y} + \mathrm{i}\,\frac{\partial \psi'}{\partial x}$$

在 Ox 轴上，$\psi' \equiv 0$，因此

$$\frac{\partial \psi'}{\partial x} \equiv 0$$

即在 Ox 轴上：

$$\mathrm{Im}\left(\frac{\mathrm{d}f}{\mathrm{d}z}\right) = 0$$

条件（$*$）可以换写为

$$\mathrm{Im}\left(\mathrm{i}\,\frac{\mathrm{d}^2 w}{\mathrm{d}z^2} - \nu\,\frac{\mathrm{d}w}{\mathrm{d}z}\right) = 0$$

绕这个圈是有道理的,在无穷远处 w 到底是什么数值,如还用($*$)式不好说(Φ 是否趋于 0),但 $\dfrac{\mathrm{d}w}{\mathrm{d}z}$ 是速度,∞ 处干扰速度一定趋于 0。

$$w(z) = \frac{\Gamma}{2\pi\mathrm{i}}\ln(z+\mathrm{i}h) + g(z)$$

$g(z)$ 在下半平面,一定是一个全纯函数(即没有奇点),因而

$$f(z) = \mathrm{i}\frac{\mathrm{d}^2 w}{\mathrm{d}z^2} - \nu\frac{\mathrm{d}w}{\mathrm{d}z}$$

$$= -\frac{\Gamma}{2\pi}\frac{1}{(z+\mathrm{i}h)^2} - \frac{\Gamma\nu}{2\pi\mathrm{i}}\frac{1}{z+\mathrm{i}h} + f_1(z)$$

在下半平面也是点 $z=-\mathrm{i}h$ 的邻域中的全纯函数。$f(z)$ 在 Ox 轴只有实部,没有虚部。因此可以 Schwarz 的解析延拓,拓到上半平面去。在上、下两半平面,函数一定是共轭的,不然在实轴上虚部就不会等于零。

$$f(x+\mathrm{i}y) = \overline{f(x-\mathrm{i}y)}$$

故在上半平面,应有一对称的奇点:

$$f(z) = -\frac{\Gamma}{2\pi}\frac{1}{(z-\mathrm{i}h)^2} + \frac{\Gamma\nu}{2\pi\mathrm{i}}\frac{1}{z-\mathrm{i}h} + \overline{f_1(\bar{z})}$$

上、下半平面一凑,把所有的奇点都加起来。因为要在 $z=\infty$ 时 $f(z)$ 变为零,所以函数在无穷远点的邻域中是全纯的,故

$$f(z) = \mathrm{i}\frac{\mathrm{d}^2 w}{\mathrm{d}z^2} - \nu\frac{\mathrm{d}w}{\mathrm{d}z}$$

$$= -\frac{\Gamma}{2\pi}\frac{1}{(z+\mathrm{i}h)^2} - \frac{\Gamma\nu}{2\pi\mathrm{i}}\frac{1}{z+\mathrm{i}h} - $$

$$\frac{\Gamma}{2\pi}\frac{1}{(z-\mathrm{i}h)^2} + \frac{\Gamma\nu}{2\pi\mathrm{i}}\frac{1}{z-\mathrm{i}h}$$

符合下半平面有一奇点,上半平面有一奇点,∞ 处干扰为零。

得出的这个关系是 w 的微分方程,当然是非齐次的微分方程。现在要解这个方程,还要有边界条件,其实这个条件就是 $\dfrac{\mathrm{d}^2 w}{\mathrm{d}z^2}$,$\dfrac{\mathrm{d}w}{\mathrm{d}z}$ 在 $z=\infty$ 时都应为零。

按一般微分方程求 [1]

$$w = A(z) + B(z)\mathrm{e}^{-i\nu z}$$

用变易系数法：

$$\frac{\mathrm{d}w}{\mathrm{d}z} = \cancel{\frac{\mathrm{d}A}{\mathrm{d}z} + \frac{\mathrm{d}B}{\mathrm{d}z}\mathrm{e}^{-i\nu z}} - i\nu B(z)\mathrm{e}^{-i\nu z}$$

用复系数值可加一条件：

$$\frac{\mathrm{d}A}{\mathrm{d}z} + \frac{\mathrm{d}B}{\mathrm{d}z}\mathrm{e}^{-i\nu z} = 0$$

$$\frac{\mathrm{d}^2 w}{\mathrm{d}z^2} = -\nu^2 B(z)\mathrm{e}^{-i\nu z} - i\nu\,\frac{\mathrm{d}B}{\mathrm{d}z}\mathrm{e}^{-i\nu z}$$

与前式相加,得

$$\nu\,\frac{\mathrm{d}B}{\mathrm{d}z}\mathrm{e}^{-i\nu z} = -\frac{\Gamma}{2\pi}\left[\frac{1}{(z+ih)^2} - \frac{\nu i}{z+ih} + \frac{1}{(z-ih)^2} + \frac{\nu i}{z-ih}\right]$$

换写一下：

$$\frac{\mathrm{d}B}{\mathrm{d}z} = -\frac{\Gamma}{2\pi\nu}\mathrm{e}^{i\nu z}\left[\frac{1}{(z+ih)^2} - \frac{\nu i}{z+ih} + \frac{1}{(z-ih)^2} + \frac{\nu i}{z-ih}\right]$$

由 $\dfrac{\mathrm{d}B}{\mathrm{d}z}$ 与 $\dfrac{\mathrm{d}A}{\mathrm{d}z}$ 的关系,得

$$\frac{\mathrm{d}A}{\mathrm{d}z} = \frac{\Gamma}{2\pi\nu}\left[\frac{1}{(z+ih)^2} - \frac{\nu i}{z+ih} + \frac{1}{(z-ih)^2} + \frac{\nu i}{z-ih}\right]$$

积分得

$$A = -\frac{\Gamma}{2\pi\nu}\left(\frac{1}{z+ih} + \frac{1}{z-ih}\right) + \frac{\Gamma}{2\pi i}\ln\frac{z+ih}{z-ih}$$

是否还应有积分常数,要看 z 到 $+\infty$ 时,是否趋于 0。现在求 B：

$$B = -\frac{\Gamma}{2\pi\nu}\int_{t=+\infty}^{z}\mathrm{e}^{i\nu t}\left[\frac{1}{(t+ih)^2} - \cancel{\frac{\nu i}{t+ih}} + \frac{1}{(t-ih)^2} + \frac{\nu i}{t-ih}\right]\mathrm{d}t$$

---

[1] 在 Кочин 书中,设当 $z \to \infty$, $A \to 0$, $B \to 0$。

下限为 $t=+\infty$，这体现了在 $t=+\infty$ 时 $B=0$。

用分部积分法，积分可以大大简化：

$$\int_{+\infty}^{z}\frac{\mathrm{e}^{\mathrm{i}\nu t}\,\mathrm{d}t}{(t+\mathrm{i}h)^2}=-\int_{+\infty}^{z}\mathrm{e}^{\mathrm{i}\nu t}\mathrm{d}\left(\frac{1}{t+\mathrm{i}h}\right)=-\frac{\mathrm{e}^{\mathrm{i}\nu z}}{z+\mathrm{i}h}+\mathrm{i}\nu\int_{+\infty}^{z}\frac{\mathrm{e}^{\mathrm{i}\nu t}}{t+\mathrm{i}h}\,\mathrm{d}t$$

右端第二项刚好与前面第二项抵消。

同样

$$\int_{t=+\infty}^{z}\frac{\mathrm{e}^{\mathrm{i}\nu t}\,\mathrm{d}t}{(t-\mathrm{i}h)^2}=-\frac{\mathrm{e}^{\mathrm{i}\nu z}}{z-\mathrm{i}h}+\mathrm{i}\nu\int_{t=+\infty}^{z}\frac{\mathrm{e}^{\mathrm{i}\nu t}}{t-\mathrm{i}h}\mathrm{d}t$$

右端第二项与前面第四项合并，结果有

$$w(z)=A(z)+B(z)\mathrm{e}^{-\mathrm{i}\nu z}$$

$$w(z)=\frac{\Gamma}{2\pi\mathrm{i}}\ln\frac{z+\mathrm{i}h}{z-\mathrm{i}h}+\frac{\Gamma}{\pi\mathrm{i}}\mathrm{e}^{-\mathrm{i}\nu z}\int_{t=+\infty}^{z}\frac{\mathrm{e}^{\mathrm{i}\nu t}}{t-\mathrm{i}h}\mathrm{d}t$$

$$\delta(x)=\frac{c}{g}\left(\frac{\partial\varphi}{\partial x}\right)_{y=0}=\frac{c}{g}\mathrm{Re}\left(\frac{\mathrm{d}w}{\mathrm{d}z}\right)_{y=0}$$

$$\frac{\mathrm{d}w}{\mathrm{d}z}=\frac{\Gamma}{2\pi\mathrm{i}}\left(\frac{1}{z+\mathrm{i}h}-\frac{1}{z-\mathrm{i}h}\right)+\frac{\Gamma}{\pi\mathrm{i}}\frac{1}{z-\mathrm{i}h}+\frac{\Gamma}{\pi\mathrm{i}}(-\mathrm{i}\nu)\mathrm{e}^{-\mathrm{i}\nu z}\int_{t=+\infty}^{z}\frac{\mathrm{e}^{\mathrm{i}\nu t}}{t-\mathrm{i}h}\mathrm{d}t$$

$$\delta(x)=\frac{c}{g}\mathrm{Re}\left[\frac{\Gamma}{2\pi\mathrm{i}}\left(\frac{1}{z+\mathrm{i}h}+\frac{1}{z-\mathrm{i}h}\right)-\frac{\Gamma\nu}{\pi}\mathrm{e}^{-\mathrm{i}\nu z}\int_{t=+\infty}^{z}\frac{\mathrm{e}^{\mathrm{i}\nu t}}{t-\mathrm{i}h}\mathrm{d}t\right]$$

看来这个结果完全符合我们的条件：

$$x\rightarrow\infty,\quad\delta(x)=0$$

当 $x>0$（在旋涡的前面）时，有

$$\delta(x)=-\frac{\Gamma}{\pi c}\int_{+\infty}^{x}\frac{t\cos\nu(t-x)-h\sin\nu(t-x)}{t^2+h^2}\mathrm{d}t$$

为何要 $x>0$？ 因为这时，永远在正半实轴积分。若跑到左面，则需改变积分形式：

$$\int_{+\infty}^{z}\frac{\mathrm{e}^{\mathrm{i}\nu t}\,\mathrm{d}t}{t-\mathrm{i}h}=\int_{+\infty}^{-\infty}\frac{\mathrm{e}^{\mathrm{i}\nu t}\,\mathrm{d}t}{t-\mathrm{i}h}+\int_{-\infty}^{z}\frac{\mathrm{e}^{\mathrm{i}\nu t}\,\mathrm{d}t}{t-\mathrm{i}h}$$

$$t = x + \mathrm{i}R$$

$$\mathrm{e}^{\mathrm{i}\nu t} = \mathrm{e}^{-\nu R}\,\mathrm{e}^{\mathrm{i}\nu x}$$

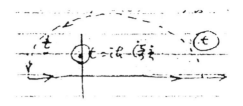

只能从上面绕,因 R 很大时,$\mathrm{e}^{-R} \to 0$。由留数定理,得

$$\int_{+\infty}^{z} \frac{\mathrm{e}^{\mathrm{i}\nu t}\,\mathrm{d}t}{t - \mathrm{i}h} = -2\pi\mathrm{i}\mathrm{e}^{-\nu h} + \int_{-\infty}^{z} \frac{\mathrm{e}^{\mathrm{i}\nu t}\,\mathrm{d}t}{t - \mathrm{i}h}$$

$$\frac{\mathrm{d}w}{\mathrm{d}z} = \frac{\Gamma}{2\pi\mathrm{i}}\left(\frac{1}{z + \mathrm{i}h} + \frac{1}{z - \mathrm{i}h}\right) + 2\Gamma\nu\mathrm{i}\mathrm{e}^{-\nu h}\,\mathrm{e}^{-\mathrm{i}\nu z} - \frac{\Gamma\nu}{\pi}\mathrm{e}^{-\mathrm{i}\nu z}\int_{-\infty}^{z} \frac{\mathrm{e}^{-\mathrm{i}\nu t}}{t - \mathrm{i}h}\,\mathrm{d}t$$

故当 $x < 0$ 时,$x = -|x| = x'$,有

$$\delta(x) = \frac{2\Gamma}{c}\mathrm{e}^{-\nu h}\sin\nu x - \frac{\Gamma}{\pi c}\int_{-\infty}^{x} \frac{t\cos\nu(t - x) - h\sin\nu(t - x)}{t^2 + h^2}\,\mathrm{d}t$$

即在旋的后面,当 $x \to -\infty$,积分项就没有了,只剩下波,波幅为

$$a = \frac{2\Gamma}{c}\mathrm{e}^{-\nu h} \qquad \left(\nu = \frac{g}{c^2}\right)$$

或

$$a = \frac{2\Gamma}{c}\mathrm{e}^{-gh/c^2}$$

可见 h 增加,波要逐渐消失,即旋涡很深,表面上就没有什么波,这也符合我们的观察。

在积分时,令 $-t = t'$,变换后,在 $x < 0$ 时,积分形式完全一样。

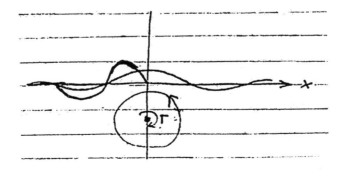

由旋涡造成的局部凸起是对称的。自由面的形状是一个对称部分加一个波。

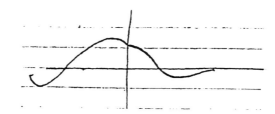

作用在旋涡上的力

依照 Чаплыгин 公式：

$$Y + \mathrm{i}X = -\frac{\rho}{2}\oint\left(\frac{\mathrm{d}w}{\mathrm{d}z}\right)^2\mathrm{d}z,\ \oint\ \text{是绕}\ z = -\mathrm{i}h\ \text{点的积分}$$

其中，
$$W = \Phi + \mathrm{i}\Psi = w - cz$$

$$W(z) = w - cz = \frac{\Gamma}{2\pi\mathrm{i}}\ln\frac{z+\mathrm{i}h}{z-\mathrm{i}h} + \frac{\Gamma}{\pi\mathrm{i}}\mathrm{e}^{-\mathrm{i}\nu z}\int_{+\infty}^{z}\frac{\mathrm{e}^{-\mathrm{i}\nu t}\mathrm{d}t}{t-\mathrm{i}h} - cz$$

$$\frac{\mathrm{d}W}{\mathrm{d}z} = \frac{\Gamma}{2\pi\mathrm{i}}\frac{1}{z+\mathrm{i}h} + \underbrace{\left(-c + \frac{\Gamma}{2\pi\mathrm{i}}\frac{1}{z-\mathrm{i}h} - \frac{\Gamma\nu}{\pi}\mathrm{e}^{-\mathrm{i}\nu z}\int_{+\infty}^{z}\frac{\mathrm{e}^{-\mathrm{i}\nu t}\mathrm{d}t}{t-\mathrm{i}h}\right)}_{\alpha(z)}$$

这是在旋涡的附近，第一项是奇点，后面的项不是奇点而是全纯函数。所以 $\alpha(z)$ 是在下半平面的全纯函数，因此

$$\left(\frac{\mathrm{d}W}{\mathrm{d}z}\right)^2 = -\frac{\Gamma^2}{4\pi^2}\frac{1}{(z+\mathrm{i}h)^2} + \frac{\Gamma\alpha(z)}{\pi\mathrm{i}(z+\mathrm{i}h)} + \alpha^2(z)$$

积分时，右端第一、三项不给任何东西，只有第二项的残数：

$$\oint\left(\frac{\mathrm{d}w}{\mathrm{d}z}\right)^2\mathrm{d}z = 2\pi\mathrm{i}\frac{\Gamma\alpha(-\mathrm{i}h)}{\pi\mathrm{i}} = 2\Gamma\alpha(-\mathrm{i}h)$$

$$Y + \mathrm{i}X = -\rho\Gamma\alpha(-\mathrm{i}h)$$

$$= \rho\Gamma c - \frac{\rho\Gamma^2}{4\pi h} + \frac{\rho\Gamma^2\nu}{\pi}\mathrm{e}^{-\nu h}\int_{+\infty}^{-\mathrm{i}h}\frac{\mathrm{e}^{-\mathrm{i}\nu t}}{t-\mathrm{i}h}\mathrm{d}t$$

要使计算具体化，应该把这个积分弄得好一些，现在尚不好办。

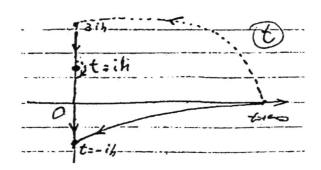

这样积分很不好办,现在换一下思路。考虑另一积分,向上绕,两条积分路线是等价的,因回路积分为零(其中无奇点)。不能从下面走

$$t = x' - iR, \quad \underbrace{e^{+R}}_{\text{很大}} e^{-i\nu x}$$

原来的积分路线可以更改一下:

$$\int_{+\infty}^{-ih} \frac{e^{-i\nu t}}{t - ih} dt = -\pi i e^{-\nu h} + \int_{+i\infty}^{+3ih} \frac{e^{-i\nu t}}{t - ih} dt + \int_{+3ih}^{-ih} \frac{e^{-i\nu t}}{t - ih} dt$$

令 $u = i\nu(t - ih)$, $du = i\nu dt$, 则

$$\int_{+i\infty}^{+3ih} \frac{e^{-i\nu t}}{t - ih} dt + \int_{+3ih}^{-ih} \frac{e^{-i\nu t}}{t - ih} dt = e^{-\nu h}\left(\int_{-\infty}^{-2\nu h} \frac{e^u du}{u} + \int_{-2\nu h}^{2\nu h} \frac{e^u du}{u} \right)$$

$\int_{-\infty}^{-2\nu h} \frac{e^u du}{u}$ 是标准函数 $\mathrm{Ei}(-2\nu h)$。 为什么要这样改,理由:当 $t = ih$ 时是奇点,现在绕过奇点,写得详细些可写出极限形式的标准函数:

$$\int_{-2\nu h}^{2\nu h} \frac{e^u du}{u} = \int_0^{2\nu h} \frac{e^u du}{u} + \int_{-2\nu h}^0 \frac{e^{u'} du'}{u'}$$

$$= \int_0^{2\nu h} \frac{e^u du}{u} - \int_0^{2\nu h} \frac{e^{-u} du}{u}$$

这样改变有好处:

$$\int_{-2\nu h}^{2\nu h} \frac{e^u du}{u} = \int_0^{2\nu h} \frac{(e^u - e^{-u}) du}{u}$$

这样一来,当 $u \to 0$ 时,积分是正则的,因此一开始没有必要写得很小。

$$\int_{-2\nu h}^{2\nu h} \frac{e^u du}{u} = 2\int_0^{2\nu h} \frac{\mathrm{sh}\, u\, du}{u} = \mathrm{Gi}(2\nu h)$$

$$Y + iZ = \left\{ \rho \Gamma c - \frac{\rho \Gamma^2}{4\pi h} + \frac{\rho \Gamma^2 \nu}{\pi} e^{-2\nu h} \left[\mathrm{Ei}(-2\nu h) + 2\,\mathrm{G\,i}(2\nu h) \right] \right\} - i\, \frac{\rho g \Gamma^2}{c^2} e^{-\frac{2gh}{c^2}}$$

实数部分 Y 可作为升力,虚数部分可作为阻力:

$$X = -\frac{\rho g \Gamma^2}{c^2} e^{-\frac{2gh}{c^2}}$$

$$Y = \rho \Gamma c - \frac{\rho \Gamma^2}{4\pi h} + \frac{\rho g \Gamma^2}{\pi c^2} e^{-\frac{2gh}{c^2}} \left[\mathrm{Ei}\left(-\frac{2gh}{c^2}\right) + 2\,\mathrm{G\,i}\left(\frac{2gh}{c^2}\right) \right]$$

可见水深增加时,阻力逐渐消灭,升力变为 $\rho c \Gamma$。

这些阻力都是由自由面引起的,若离自由面很远就都消失了。

$$R = -X$$

用波或 Чаплыгин 法都是对的。$-gh/c^2$ 代表重力影响,称弗劳德(Froude)数。当重力影响很小时,gh 的关系不是单独出现的,而是与 c 一起出现的,作为 Froude 数的参数。

Кочин 计算了源、偶极子……原则已讲清楚了。

第四讲 水面滑行的平板

1958 年 12 月 16 日

我们的计算直到现在为止都是线性的,因此解可以叠加。但不要引申到计算的力也可以叠加。Чаплыгин 公式本身就不是线性的(含有平方项),因此按两个解求得的力不能叠加,可能有时候不注意要出问题。

计算无限长平板在水面上滑行所受到的力的问题为二元问题,只考虑 xOz 平面。三元问题直到现在尚未考虑。

上一讲关于涡旋的方法适用于深水、船速不快、主要靠排水取得升力的情况。今天的问题完全是由运动取得升力,是另一种特别的方法。

作用在自由面上一点的力 F 的解

在无外力作用时,Ox 轴是一自由面,在原点作用一集中力 F,看自由面起什么样的变化,F 是每单位 y 向长度作用的力,F 沿 y 轴均匀分布。

Ox 两边对称,故在做傅里叶(Fourier)积分时,可只取余弦项

$$\pi f(x) = \int_0^\infty \cos kx \, \mathrm{d}k \int_0^\infty f(\xi) \cos k\xi \, \mathrm{d}\xi$$

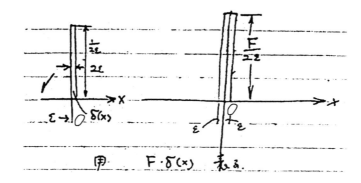

用 $F \cdot \delta(x)$ 表δ.

$f(x)$ 对称 $$f(x) = f(-x)$$

不用 Fourier 级数而用积分是因为它没有周期。怎样化成 Fourier 积分呢？可用

$$f(x) = F\delta(x)$$

$$\pi F\delta(x) = F\int_0^\infty \cos kx \, dk \int_{-\infty}^\infty \delta(\xi)\cos k\xi \, d\xi$$

ξ 逼近于 0,则余弦逼近于 1。故第二个函数逼近于 δ 函数的面积,即 1。

所以 $$\pi F\delta(x) = F\int_0^\infty \cos kx \, dk$$

即作用的力等于振幅为 1 的所有振动频率余弦函数的叠加。

设自由面为

$$\zeta = a\cos kx$$

其上

$$\frac{p - p_0}{\rho} = (kc^2 - g)a\cos kx$$

即

$$p - p_0 = \rho(kc^2 - g)a\cos kx$$

以前求这个解的时候说过,表面上 $p = p_0$,故 $kc^2 = g$。 这时就不然了,$p - p_0$ 等于余弦形式的变化。

我们要求 $p - p_0$ 等于一个压力的作用:

$$p - p_0 = F\delta(x)$$

可是我们看出：

$$\delta(x) = \frac{1}{\pi}\int_0^\infty \cos kx \, dk$$

$$p - p_0 = \frac{1}{\pi}F\int_0^\infty \cos kx \, dk$$

假设 $p - p_0$ 为 $A\cos kx$ 的形式，自由面 $\zeta = a\cos kx$，则

$$a = \frac{A}{\pi\rho(kc^2 - g)}$$

在 F 力作用下，自由面的形状就成为

$$\zeta = F\int_0^\infty \frac{\cos kx \, dk}{\pi\rho(kc^2 - g)}$$

这是由比较得出的关系。每个频率都相应于一个余弦形式的自由面，叠加起来就是上述结果。

$$\zeta(x) = \frac{F}{\pi\rho c^2}\int_0^\infty \frac{\cos kx \, dk}{k - \nu}$$

$$= \frac{F}{2\pi\rho c^2}\int_0^\infty \frac{e^{ikx} + e^{-ikx}}{k - \nu} dk$$

其中，$\nu = \dfrac{g}{c^2}$。

现在进行计算。具体地说，考虑 $x > 0$，先研究从 0 到 ∞ 的积分：

$$\int_0^\infty \frac{e^{ikx}}{k - \nu} dk$$

$k = \nu$ 为一奇点，积分自左至右逼近该奇点。

取积分路线

$$k \to k + iR$$

这有好处，因积分中含 e^{-R} 项，当 R 增大时，$e^{-R} \to 0$。

$$\int_0^\infty \frac{e^{ikx} \, dk}{k - \nu} = i\pi e^{i\nu x} + \int_0^{i\infty} \frac{e^{-ikx} \, dk}{k - \nu}$$

$$= i\pi e^{i\nu x} + \int_0^\infty \frac{e^{-tx} \, dt}{t + i\nu}$$

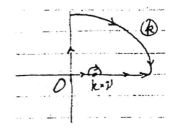

第二个积分当 $k = \nu$ 仍是奇点。

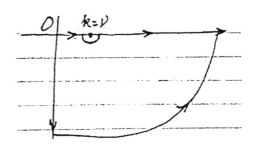

$$\int_0^\infty \frac{e^{-ikx}}{k - \nu} dk = -i\pi e^{-i\nu x} + \int_0^{-i\infty} \frac{e^{-ikx}}{k - \nu} dk$$

$$= -i\pi e^{-i\nu x} + \int_0^\infty \frac{e^{-tx}}{t - i\nu} dt$$

因此当 $x > 0$ 时, 有

$$\zeta(x) = \frac{F}{2\pi\rho c^2}\left(-2\pi\sin\nu x + 2\int_0^\infty \frac{t e^{-tx}}{t^2 + \nu^2} dt\right)$$

当 $x < 0$ 时, 情况怎样? 可以同理计算, 也可以不算。因 $f(x) = f(-x)$, 是对称的, 即

$$\zeta(x) = \frac{F}{2\pi\rho c^2}\left(2\pi\sin\nu x + 2\int_0^\infty \frac{t e^{tx}}{t^2 + \nu^2} dt\right)$$

式中的积分项当 $x \to \infty$ 时为 0。式中有正弦项, 即有波, 这是不对的。叠加一解

$$\frac{F}{2\pi\rho c^2} \cdot 2\pi\sin\nu x$$

不影响力。

当 $x > 0$ 时,

$$\zeta(x) = \frac{F}{\pi\rho c^2}\int_0^\infty \frac{t e^{-tx}}{t^2 + \nu^2} dt$$

$x < 0$ 时,

$$\zeta(x) = \frac{F}{\pi\rho c^2}\left(\underbrace{2\pi\sin\nu x}_{\zeta_2} + \underbrace{\int_0^\infty \frac{t e^{tx} dt}{t^2 + \nu^2}}_{\zeta_1}\right)$$

ζ_1 是对称的。

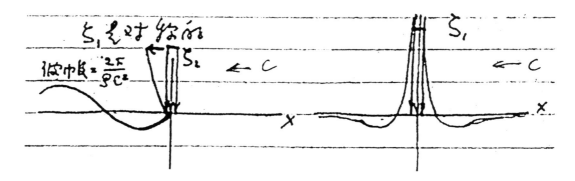

真正的波是两者叠加。

知道波幅以后就可以求阻力了。以前知

$$R = \frac{1}{4}(\text{波幅})^2 \rho g = \frac{1}{4}\left(\frac{2F}{\rho c^2}\right)^2 \rho g$$

$$= \frac{F^2}{\rho c^4} g$$

作用力引起的 ζ_1 是对称的，不产生阻力；对 ζ_2，右边曲线是平的也没有力，左边液体是无黏性不可压缩的，故与表面垂直，应等于（F 作用在水面上的力，也就是水作用在"F 力"上的反作用力即阻力）

$$\frac{F}{2}\left(\frac{\mathrm{d}\zeta_2}{\mathrm{d}x}\right)_{x \to 0} = \frac{F}{2}\frac{F}{\pi\rho c^2} 2\pi\nu$$

$$= \frac{F^2}{\rho c^4} g$$

与上述结果完全相等。

现在为了下面的计算，找 $\zeta' = \dfrac{\mathrm{d}\zeta}{\mathrm{d}x}$。

$x > 0$ 时，

$$\zeta' = -\frac{F}{\pi\rho c^2}\int_0^\infty \frac{t^2 \mathrm{e}^{-xt}\mathrm{d}t}{t^2 + \nu^2}$$

$$= -\frac{F}{\pi\rho c^2}\int_0^\infty \frac{(t^2 + \nu^2 - \nu^2)\mathrm{e}^{-xt}\mathrm{d}t}{t^2 + \nu^2}$$

$$= -\frac{F}{\pi\rho c^2}\left(\int_0^\infty \mathrm{e}^{-xt}\mathrm{d}t - \nu^2\int_0^\infty \frac{\mathrm{e}^{-xt}\mathrm{d}t}{t^2 + \nu^2}\right)$$

$$= -\frac{F}{\pi\rho c^2}\left(\frac{1}{x} - \nu\int_0^\infty \frac{\mathrm{e}^{-\nu x\xi}\mathrm{d}\xi}{\xi^2 + 1}\right) \quad (\diamondsuit\ t = \nu\xi)$$

$$= \frac{F}{\pi\rho c^2}\left(-\frac{1}{x} + \nu\underbrace{\int_0^\infty \frac{\mathrm{d}\xi}{\xi^2 + 1}}_{\pi/2} - \nu\int_0^\infty \frac{1 - \mathrm{e}^{-\nu x\xi}\mathrm{d}\xi}{\xi^2 + 1}\right)$$

为何要这样，主导思想是想求得当 x 很小时，即 $|x| \ll 1$，$\nu \ll 1$ 时的 ζ' 值。第一个积分为 $\pi/2$，第二个当 ν、x 减小时是否也减小呢？当 ξ

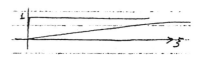

增大时分子增长很慢,故分母大时可舍掉:

$$x > 0, \quad \zeta'(x) \approx \frac{F}{\pi\rho c^2}\left(-\frac{1}{x} + \frac{\pi\nu}{2}\cdots\right)$$

$$x < 0, \quad \zeta'(x) = \frac{F}{\pi\rho c^2}\left(2\pi\nu\cos\nu x + \int_0^\infty \frac{t^2 \mathrm{e}^{xt}\,\mathrm{d}t}{t^2 + \nu^2}\right)$$

$$= \frac{F}{\pi\rho c^2}\left(2\pi\nu\cos\nu x - \frac{1}{x} - \frac{\pi\nu}{2} + \cdots\right)$$

当 x 较小时,考虑自由面梯度的形状,如果 $\nu = \dfrac{g}{c^2}$ 很小的话,那么

$$\zeta'(x) \approx \frac{F}{\pi\rho c^2}\left(-\frac{1}{x} + \frac{3\pi\nu}{2}\cdots\right), \quad x < 0$$

以仰角 α 滑行的平板

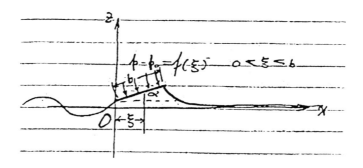

自由面在受压部分的形状一定要符合平板。现在只知道平板的仰角是 α,而不知道它的位置。因为实际上可能高一点,也可能低一点,不一定在原点。所以我们用自由面梯度,不用其高度,不然求不出来。

设有一力,不是作用在原点,而是在 ξ 点。则由它引起的 ζ' 不是(在)x,而是 $x - \xi$。

$$\alpha = \int_0^b f(\xi)\,\mathrm{d}\xi\,\zeta'(x - \xi)\,\frac{1}{F} \quad (0 < x < \xi)$$

这是一个积分方程,压力分布是未知的。

能否不绕这个弯儿,直接求压力分布?这不是找别扭,直接从自由面是写不

出积分方程来的。因别的地方自由面也是未知的，只能应用力的分布这个办法。

$$\pi \rho c^2 \alpha = \int_0^b f(\xi) \mathrm{d}\xi \cdot \pi \rho c^2 \zeta'(x-\xi) \frac{1}{F}$$

$$= \int_0^b f(\xi) \frac{1}{\xi-x} \mathrm{d}\xi + \int_0^x f(\xi) \frac{\pi \nu}{2} \mathrm{d}\xi + \int_x^b f(\xi) \frac{3\pi \nu}{2} \mathrm{d}\xi$$

$$= \int_0^b f(\xi) \frac{1}{\xi-x} \mathrm{d}\xi + \frac{\pi \nu}{2} \int_0^x f(\xi) \mathrm{d}\xi + \frac{3\pi \nu}{2} \int_x^b f(\xi) \mathrm{d}\xi \quad (x > \xi)$$

实际上这里已经将 ζ' 对 ν 展开，并略去高次项了。

$$f(\xi) = f(\xi, \nu) = f^0(\xi) + \nu f'(\xi) + \cdots$$

$f(\xi)$ 是 ξ 的函数，与 ν 无关。

$x = \xi$ 点作用的力是

$$f(\xi) \mathrm{d}\xi \frac{\zeta'(x-\xi)}{F}$$

代入

$$\pi \rho c^2 \alpha = \int_0^b \frac{f^0(\xi) + \nu f'(\xi) + \cdots}{\xi - x} \mathrm{d}\xi +$$

$$\frac{\pi \nu}{2} \int_0^x [f^0(\xi) + \nu f'(\xi) + \cdots] \mathrm{d}\xi +$$

$$\frac{3\pi \nu}{2} \int_x^b [f^0(\xi) + \nu f'(\xi) + \cdots] \mathrm{d}\xi$$

按 ν 的次数整理：

$$\pi \rho c^2 \alpha = \int_0^b \frac{f^0(\xi)}{\xi - x} \mathrm{d}\xi + \nu \left[\int_0^b \frac{f'(\xi)}{\xi - x} \mathrm{d}\xi + \frac{\pi}{2} \int_0^x f^0(\xi) \mathrm{d}\xi + \right.$$

$$\left. \frac{3\pi}{2} \int_x^b f^0(\xi) \mathrm{d}\xi \right] + \nu^2 \cdots$$

要对任意 ν 都成立，只能使它的系数为零。于是得出一系列积分方程。

求 $f^0(\xi)$ 的一次近似：

$$\pi \rho c^2 \alpha = \int_0^b \frac{f^0(\xi)}{\xi - x} \mathrm{d}\xi$$

求 $f'(\xi)$ 的二次近似：

$$-\frac{\pi}{2}\int_0^x f^0(\xi)\mathrm{d}\xi - \frac{3\pi}{2}\int_x^b f^0(\xi)\mathrm{d}\xi = \int_0^b \frac{f'(\xi)}{\xi - x}\mathrm{d}\xi$$

......

这一系列积分方程形式逐次近似,在一次近似的基础上再来一次近似。这很方便,因为两个积分方程的核是相同的。

在机翼理论中,薄翼、有限翼展机翼都遇到这个问题,可以借用它的解,这都已经标准化了。

取适合的变数:

$$\frac{b}{2}(1-\cos\theta) = \xi, \quad 0 < \theta < \pi$$

$$\frac{b}{2}(1-\cos\phi) = x, \quad 0 < \phi < \pi$$

$$\mathrm{d}\xi = \frac{b}{2}\sin\theta\,\mathrm{d}\theta$$

对第一个积分方程,可以写为另外一种形式:

$$\pi\rho c^2\alpha = \int_0^\pi \frac{f^0 \sin\theta\,\mathrm{d}\theta}{\cos\phi - \cos\theta}$$

利用薄翼理论的经验,试试取解为

$$f^0 = A\tan\frac{\theta}{2}$$

代进去看看:

$$f^0\sin\theta = A\,\frac{\sin\dfrac{\theta}{2}}{\cos\dfrac{\theta}{2}}2\sin\frac{\theta}{2}\cos\frac{\theta}{2} = A(1-\cos\theta)$$

$$\pi\rho c^2\alpha = A\int_0^\pi \frac{(1-\cos\theta)\mathrm{d}\theta}{\cos\theta - \cos\phi} \qquad (*)$$

由(参看机翼理论)

$$\int_0^\pi \frac{\cos n\theta\,\mathrm{d}\theta}{\cos\theta - \cos\phi} = \pi\cdot\frac{\sin n\phi}{\sin\phi}$$

式(*)变为

$$\pi\rho c^2\alpha = A\left(-\underbrace{\int_0^\pi \frac{\mathrm{d}\theta}{\cos\theta-\cos\phi}}_{\substack{=0\\(n=0)}} + \underbrace{\int_0^\pi \frac{\cos\theta\,\mathrm{d}\theta}{\cos\theta-\cos\phi}}_{\substack{=\pi\\(n=1)}}\right)$$

所以
$$\pi\rho c^2\alpha = \pi A$$

$$A = \rho c^2\alpha$$

$$f^0 = \rho c^2\alpha\tan\frac{\theta}{2} = \rho c^2\alpha\sqrt{\frac{\sin^2\dfrac{\theta}{2}}{\cos^2\dfrac{\theta}{2}}} = \rho c^2\alpha\sqrt{\frac{1-\cos\theta}{1+\cos\theta}}$$

$$= \rho c^2\alpha\sqrt{\frac{\xi}{b-\xi}} = f^0(\xi)$$

这个分布与机翼剖面中的分布是相同的,但两者的一次近似的升力系数不同。

一次近似的升力为

$$L^0 = \int_0^b f^0(\xi)\,\mathrm{d}\xi$$

$$= \frac{b}{2}\rho c^2\alpha\int_0^\pi \tan\frac{\theta}{2}\sin\theta\,\mathrm{d}\theta$$

$$= \frac{b}{2}\rho c^2\alpha\underbrace{\int_0^\pi (1-\cos\theta)\,\mathrm{d}\theta}_{\pi}$$

$$L^0 = \pi c^2\rho\alpha\,\frac{b}{2}$$

升力系数等于

$$\frac{L^0}{\dfrac{\rho}{2}c^2 b} = C_L = \pi\alpha$$

这很有意思。假若与机翼剖面相比，我们知道翼剖面的升力系数为

$$C_L = 2\pi\alpha$$

故滑行板的升力系数在一次近似的情况下，只为机翼剖面升力系数的一半。

这是可以理解的，因滑行板只有板下才承受水的压力，而机翼上、下都承受力。下面有压力，上面有吸力，两者相等。对于滑行板，上面为空气（大气压力），故只有一半。合力 L^0 在 1/4 板的宽度，集中在前端。

对于二次近似，现在我们来解第二个方程：

$$\int_0^b \frac{f'(\xi)\mathrm{d}\xi}{x-\xi} = \frac{\pi}{2}\int_0^x f^0(\xi)\mathrm{d}\xi + \frac{3\pi}{2}\int_x^b f^0(\xi)\mathrm{d}\xi$$

把 x、ξ 变数换成 ϕ 及 θ，并代入以前所求得的 $f^0(\xi)$，这个方程就可以换写为

$$\int_0^\pi \frac{f'(\theta)\sin\theta\,\mathrm{d}\theta}{\cos\theta-\cos\phi} = \frac{\pi}{2}\int_0^\phi \rho c^2\alpha\,\frac{b}{2}(1-\cos\theta)\mathrm{d}\theta + \frac{3\pi}{2}\int_\phi^\pi \rho c^2\alpha\,\frac{b}{2}(1-\cos\theta)\mathrm{d}\theta$$

$$= \rho c^2\alpha\,\frac{b}{2}\left\{\frac{\pi}{2}(\phi-\sin\phi) + \frac{3\pi}{2}\left[(\pi-\phi)+\sin\phi\right]\right\}$$

$$= \frac{b}{2}\pi\rho c^2\alpha\left(\frac{3\pi}{2}-\phi+\sin\phi\right)$$

先将右端展开为 $\cos n\phi$ 的级数：

$$\frac{b}{2}\pi\rho c^2\alpha\left(\frac{3\pi}{2}-\phi+\sin\phi\right) = A_0 - \sum_{n=1}^\infty A_n\cos n\phi$$

对 ϕ 积分，即可求出系数：

$$A_0 = \frac{1}{\pi}\,\frac{b}{2}\pi\rho c^2\alpha\int_0^\pi\left(\frac{3\pi}{2}-\phi+\sin\phi\right)\mathrm{d}\phi$$

$$= \frac{b}{2}\rho c^2\alpha\left(\frac{3\pi^2}{2}-\frac{\pi^2}{2}+2\right)$$

$$A_0 = \frac{b}{2}\rho c^2(\pi^2 + 2)\alpha$$

$$A_n = \frac{2}{\pi}\frac{b}{2}\pi c^2\rho\alpha(-1)\int_0^\pi\left(\frac{3\pi}{2} - \phi + \sin\phi\right)\cos n\phi\,\mathrm{d}\phi$$

$$= b\rho c^2\left[\frac{(-1)^n - 1}{n^2} + \frac{1 + (-1)^n}{n^2 + 1}\right]\alpha = A_n$$

同样用机翼理论的结果代进去，看对不对。如果令

$$\pi f'(\theta) = -A_0\tan\frac{\theta}{2} + \sum_{n=1}^\infty A_n\sin n\theta$$

那么

$$\int_0^\pi\frac{f'(\theta)\sin\theta\,\mathrm{d}\theta}{\cos\theta - \cos\phi} = -\frac{A_0}{\pi}\int_0^\pi\frac{1 - \cos\theta}{\cos\theta - \cos\phi}\mathrm{d}\theta + \frac{1}{\pi}\sum_{n=1}^\infty A_n\int_0^\pi\frac{\sin n\theta\sin\theta\,\mathrm{d}\theta}{\cos\theta - \cos\phi}$$

$$= A_0 - \frac{1}{\pi}\sum_{n=1}^\infty A_n\frac{1}{2}\int_0^\pi\frac{\cos(n+1)\theta - \cos(n-1)\theta}{\cos\theta - \cos\phi}\mathrm{d}\theta$$

$$= A_0 - \sum_{n=1}^\infty A_n\cos n\phi$$

$$\left(\text{因为}，-\pi\frac{\sin(n+1)\phi}{\sin\phi} + \pi\frac{\sin(n-1)\phi}{\sin\phi} = -2\pi\cos n\phi\right)$$

所以得到的解的确能满足第二个积分方程，这说明代进去的解正是我们所要的结果。之所以成功，就是因为利用了机翼理论的经验。

直到二次近似，压力分布

$$f(\xi, \nu) = f^0(\xi) + \nu f'(\xi)$$

$$L = \int_0^b f(\xi, \nu)\mathrm{d}\xi = \underbrace{\int_0^b f^0(\xi)\mathrm{d}\xi}_{\pi\rho c^2\alpha\frac{b}{2}} + \nu\int_0^b f'(\xi)\mathrm{d}\xi + \cdots$$

因为

$$\int_0^b f'(\xi)\mathrm{d}\xi = \frac{b}{2}\int_0^\pi f'(\xi)\sin\theta\,\mathrm{d}\xi$$

$$= \frac{b}{2\pi}\int_0^\pi\left(-A_0\tan\frac{\theta}{2} + \sum_{n=1}^\infty A_n\sin n\theta\right)\sin\theta\,\mathrm{d}\theta$$

即

$$\int_0^b f'(\xi)\,\mathrm{d}\xi = \frac{b}{2}(-A_0) + \frac{b}{2\pi}A_1\,\frac{\pi}{2}$$

$$= \frac{b}{2}\left(-A_0 + \frac{A_1}{2}\right)$$

有了这些，就可以知道总的升力到底等于什么[①]。

$$L = \pi c^2 \rho \alpha\,\frac{b}{2} + \nu\left[\frac{b}{2}(-1)\,\frac{b}{2}\rho c^2(\pi^2+2)\alpha + \frac{b}{2}\,\frac{1}{2}b\rho c^2\left(-2+\frac{1-1}{1+1}\right)\alpha\right]$$

$$= \frac{1}{2}\rho c^2 b\left\{\pi\alpha + \nu\left[-b\left(\frac{\pi^2}{2}+1\right)-b\right]\alpha\right\} + \cdots$$

$$= \frac{1}{2}\rho c^2 b\left[\pi - b\nu\left(\frac{\pi^2}{2}+2\right)\right]\alpha$$

$$C_L = \frac{L}{\frac{\rho}{2}c^2 b} = \pi\left[1 - \frac{gb}{c^2}\left(\frac{\pi}{2}+\frac{2}{\pi}\right)\right]\alpha, \quad \nu = \frac{g}{c^2}$$

现在看出，升力系数在更精密的计算中是减少了一些，减少的数值与 gb/c^2 有关。当 g、b 不改变，速度很快时，第二项可忽略，升力系数就接近于 $\pi\alpha$。gb/c^2 实际上就是 Froude 数，它代表惯性力与重力（引力）之比。当速度较快时，重力（引力）的影响就很小，可忽略。

估算 Froude 数：$g=10\ \mathrm{m/s^2}$，$b=1\ \mathrm{m}$，$c=10\ \mathrm{m/s}$（相当于 $36\ \mathrm{km/h}$，快船是可以达到的），则 $10\times1/10^2\sim1/10$。故在快船的情况下，二级近似是足够的，快艇的（滑翔）船型是可用的。

下面讲一下船舶造波阻力问题（简略）。这里讲的都是二元平板，实际上都是三元。

---

① 以下 4 行，课堂板书在代入 A_0 时有一处符号笔误，将 $\frac{b}{2}\rho c^2(\pi^2+2)\alpha$ 写成了 $\frac{b}{2}\rho c^2(\pi^2-2)\alpha$，致 C_L 结果略有不同。此处已参照前文及手稿改正。

两类问题
吃水深的船，船身窄

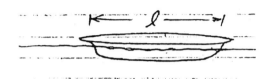

船泡在水中的部分如下图：

在船体部分摆上源及汇的分布，源与汇的总强度相等，让流线符合船的形状。因为有这个分布，在 xOy 平面一定会引起速度分布，它不能满足自由面上的边界条件。怎么办呢？办法就是在方程式的解里再加上速度势。在水深的地方速度势消失，而在 xOy 的表面上当然就不消失。它所引起的自由面上的速度与源、汇所引起的速度加起来应满足自由面条件。

有了波的形状，便可算波的阻力（或算压力传播，或算波的能），办法与以前旋涡计算的办法完全相同，由于有了旋涡，自由面的条件不满足，加了一些东西后满足了。在旋涡附近，旋涡还存在……最后就可以算出阻力。

船舶的造波理论，大部分就是这种理论，计算结果大概如下图：

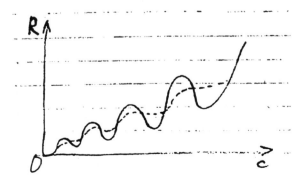

曲线上上下下，这是由于头波与尾波的互相干扰所致：

$$\lambda = \frac{2\pi c^2}{g}$$

当船长刚好为一个波长：

$$l \sim \frac{n}{2}\lambda$$

当 $n=2$ 时，头波跑到船尾，刚好一个周期，故波加强；若船长为波长的一半，就互相抵消。

实验结果如图中虚线，与计算有差别，这尚无定论。有人说因理论只考虑无黏性，未考虑附面层。

理论上大致可以解释，但数值上尚未能完全相符，这可能是未考虑到附面层的结果。

吃水浅的快艇

与滑翔平板近似：

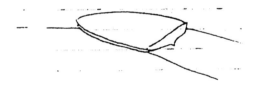

与水接触的面：

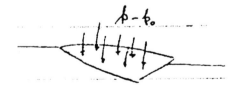

可视为在 xOy 平面上有一系列的力作用（分布），可用一系列点力的叠加，办法同前。先算一单独力对表面滑行的变化，叠加起来符合船的形状，这仍归结为一积分方程（采用二变数的 Fourier 积分），不过这方程较麻烦，因吃水浅不能用源、汇分布来计算。

第五讲　浅水中的长波

1958 年 12 月 18 日

基本方程式

因水的运动,自由面会产生高低起伏变化。波长比水深大得多时为长波,即 h/λ 为小参数,在计算中忽略二次小量,即与 $(h/\lambda)^2$ 成比例的量忽略掉。静水深是 x、y 的函数 $h(x, y)$。这里不一定是小干扰,也可以是大干扰,但核心问题是水浅。

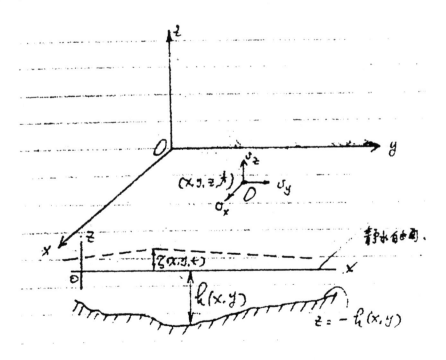

水底方程式为

$$z = -h(x, y)$$

总水深为 $\zeta-(-h)=\zeta+h$。 对于小干扰,利用以前的结果,波的传播速度为

$$c=\sqrt{g(\zeta+h)}$$

这里的特点是: ζ 不一定比 h 小。

现在利用这些概念,具体做些数学分析。这里有三组方程。

(1) 连续方程:

$$\frac{\partial v_x}{\partial x}+\frac{\partial v_y}{\partial y}+\frac{\partial v_z}{\partial z}=0$$

(2) 运动方程:

$$\frac{\partial v_x}{\partial t}+v_x\frac{\partial v_x}{\partial x}+v_y\frac{\partial v_x}{\partial y}+v_z\frac{\partial v_x}{\partial z}=-\frac{1}{\rho}\frac{\partial p}{\partial x}$$

$$\frac{\partial v_y}{\partial t}+v_x\frac{\partial v_y}{\partial x}+v_y\frac{\partial v_y}{\partial y}+v_z\frac{\partial v_y}{\partial z}=-\frac{1}{\rho}\frac{\partial p}{\partial y}$$

$$\frac{\partial v_z}{\partial t}+v_x\frac{\partial v_z}{\partial x}+v_y\frac{\partial v_z}{\partial y}+v_z\frac{\partial v_z}{\partial z}=-\frac{1}{\rho}\frac{\partial p}{\partial z}-g$$

(3) 无旋条件(运动是静止状态产生的,所以是无旋的):

$$\frac{\partial v_y}{\partial x}-\frac{\partial v_x}{\partial y}=0$$

$$\frac{\partial v_z}{\partial y}-\frac{\partial v_y}{\partial z}=0$$

$$\frac{\partial v_x}{\partial z}-\frac{\partial v_z}{\partial x}=0$$

有两个边界条件。

(1) 在自由面上:

$$z=\zeta(x,y,t),\quad p-p_0=0$$

$$v_z=\frac{\mathrm{d}z}{\mathrm{d}t}=\frac{\partial \zeta}{\partial t}+\frac{\partial \zeta}{\partial x}\frac{\mathrm{d}x}{\mathrm{d}t}+\frac{\partial \zeta}{\partial y}\frac{\mathrm{d}y}{\mathrm{d}t}$$

即

$$\frac{\partial \zeta}{\partial t} + v_x \frac{\partial \zeta}{\partial x} + v_y \frac{\partial \zeta}{\partial y} - v_z = 0$$

（2）在水底：

$$z = -h(x, y)$$

$$\frac{\mathrm{d}z}{\mathrm{d}t} = v_z = -\underbrace{\frac{\partial h}{\partial t}}_{0} - \underbrace{\frac{\mathrm{d}x}{\mathrm{d}t}}_{v_x}\frac{\partial h}{\partial x} - \underbrace{\frac{\mathrm{d}y}{\mathrm{d}t}}_{v_y}\frac{\partial h}{\partial y}$$

$$v_x \frac{\partial h}{\partial x} + v_y \frac{\partial h}{\partial y} + v_z = 0$$

到此为止尚未进行简化，现设水不深，因此运动速度在深度中的变化不大（不考虑边界层时），但有边界层时是否完全不对呢？也不是。只要水深不会浅到与边界层相近，譬如水深为边界层厚度的 10 倍，则边界层的影响不过是一个校正项。这在实际上是存在的。只要流动不太远，边界层的厚度不超过距离的 1/1 000，则水深为 100 m 时，边界层厚度不超过 $\frac{1}{10}$ m。在力学中常用的方法是哪个方向的量小，就将它简化：或看作不变，或看作变化很小。如固体力学中梁、壳体的断面应力分布。

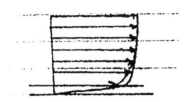

连续方程的积分

$$\int_{-h}^{\zeta} \frac{\partial v_x}{\partial x}\mathrm{d}z + \int_{-h}^{\zeta} \frac{\partial v_y}{\partial y}\mathrm{d}z + [v_z]_{z=-h}^{z=\zeta} = 0$$

$$\int_{-h}^{\zeta} \frac{\partial v_x}{\partial x}\mathrm{d}z + \int_{-h}^{\zeta} \frac{\partial v_y}{\partial y}\mathrm{d}z + \left[\frac{\partial \zeta}{\partial t} + v_x \frac{\partial \zeta}{\partial x} + v_y \frac{\partial \zeta}{\partial y}\right]_{z=\zeta} + \left[v_x \frac{\partial h}{\partial x} + v_y \frac{\partial h}{\partial y}\right]_{z=-h} = 0$$

可以看出这些项还可以大大简化：

$$\frac{\partial}{\partial x}\int_{-h}^{\zeta} v_x \mathrm{d}z = \int_{-h}^{\zeta} \frac{\partial v_x}{\partial x}\mathrm{d}z + [v_x]_{z=\zeta}\frac{\partial \zeta}{\partial x} + [v_x]_{z=-h}\frac{\partial h}{\partial x}$$

$$\frac{\partial}{\partial y}\int_{-h}^{\zeta} v_y \mathrm{d}z = \int_{-h}^{\zeta} \frac{\partial v_y}{\partial x}\mathrm{d}z + [v_y]_{z=\zeta}\frac{\partial \zeta}{\partial y} + [v_y]_{z=-h}\frac{\partial h}{\partial y}$$

这样,连续方程可以换成以下形式:

$$\frac{\partial}{\partial x}\int_{-h}^{\zeta}v_x\,\mathrm{d}z+\frac{\partial}{\partial y}\int_{-h}^{\zeta}v_y\,\mathrm{d}z=-\frac{\partial\zeta}{\partial t}$$

如此尚未引入任何简化,纯粹是数学变换。这个结果从物质不消灭的原理也可以得出来:

第一个积分相当于从 x 方向流出的水通量;

第二个积分相当于从 y 方向流出的水通量。

水量的损失相应有水面的降低,在此已考虑了自由面与底面无流入(出)的条件。

设水很浅,$|v_z|\ll1$,水表面是否也可以略去了,如此水就不动了? 可以这样来考虑,水是长波,表面梯度很小,垂向运动方程简化为

$$0=-\frac{1}{\rho}\frac{\partial p}{\partial z}-g$$

$$p-p_0=g\rho(\zeta-z)$$

$$\frac{\partial p}{\partial x}=g\rho\frac{\partial\zeta}{\partial x}$$

$$\frac{\partial p}{\partial y}=g\rho\frac{\partial\zeta}{\partial y}$$

其余两个水平运动方程变为

$$\frac{\partial v_x}{\partial t}+v_x\frac{\partial v_x}{\partial x}+v_y\frac{\partial v_x}{\partial y}=-g\frac{\partial\zeta}{\partial x}$$

$$\frac{\partial v_y}{\partial t}+v_x\frac{\partial v_y}{\partial x}+v_y\frac{\partial v_y}{\partial y}=-g\frac{\partial\zeta}{\partial y}$$

连续方程也可以简化,由于 ζ 很小,考虑 ζ 变化时,v_x、v_y 变化不大,视为常数。故在前面的积分(对 z)中可提出来:

$$\frac{\partial}{\partial x}v_x\int_{-h}^{\zeta}\mathrm{d}z=\frac{\partial}{\partial x}[v_x(\zeta+h)]$$

故连续方程为

$$\frac{\partial}{\partial x}\left[v_x(\zeta+h)\right]+\frac{\partial}{\partial y}\left[v_y(\zeta+h)\right]=-\frac{\partial \zeta}{\partial t}$$

无旋条件简化为

$$\frac{\partial v_y}{\partial x}-\frac{\partial v_x}{\partial y}=0$$

$$\left(\cancel{\frac{\partial v_z}{\partial y}}-\frac{\partial v_y}{\partial z}=0,\ \cancel{\frac{\partial v_x}{\partial z}}-\cancel{\frac{\partial v_z}{\partial x}}=0\right)$$

写成气动力学的形式

我们希望把以上方程再简化为气动力学中基本方程的形式。设水底面上每单位面积的质量为

$$\bar{\rho}=\rho(\zeta+h)=\bar{\rho}(x,\ y,\ t)$$

相当于 xOy 平面上单位面积上的质量，它是 x、y、t 的函数。

另外，将压力积分起来：

$$\bar{p}=\int_{-h}^{\zeta}(p-p_0)\mathrm{d}z=g\rho\int_{-h}^{\zeta}(\zeta-z)\mathrm{d}z=-\frac{g\rho}{2}\left[(\zeta-z)^2\right]_{z=-h}^{z=\zeta}$$

$$\bar{p}=\frac{g\rho}{2}(\zeta+h)^2=\frac{g}{2\rho}\bar{\rho}^2$$

即有如下形式：

$$\bar{p}=C\rho^{+\chi},\quad \chi=2$$

这相当于气动中等熵气流的形式。

气动中双原子分子的 $\chi=1.4$，单原子分子的 $\chi=5/3=1.66$。

$$\frac{\mathrm{d}\bar{p}}{\mathrm{d}\bar{\rho}}=\frac{g}{\rho}\bar{\rho}=g(\zeta+h)=c^2$$

等于小干扰传播速度的平方，这也与气动一样。不仅如此，连续方程也对。两边乘以 ρ，则连续方程变为

$$\frac{\partial}{\partial x}(\bar{\rho}v_x) + \frac{\partial}{\partial y}(\bar{\rho}v_y) = -\rho\frac{\partial \zeta}{\partial t} = -\frac{\partial \bar{\rho}}{\partial t}$$

即

$$\frac{\partial \bar{\rho}}{\partial t} + \frac{\partial}{\partial x}(\bar{\rho}v_x) + \frac{\partial}{\partial y}(\bar{\rho}v_y) = 0$$

这就更好,因为这就是气体在二元运动时的连续方程式。这个相似就更完全了。剩下就是运动方程式是否能改? 两边乘以 $\bar{\rho}$,求 $\bar{p}$ 对 x 的微商:

$$\frac{\partial \bar{p}}{\partial x} = \frac{g}{\rho}\bar{\rho}\frac{\partial \bar{\rho}}{\partial x} = \frac{g}{\rho}\bar{\rho}\frac{\partial(\zeta+h)}{\partial x}$$
$$= g\bar{\rho}\left(\frac{\partial \zeta}{\partial x} + \frac{\partial h}{\partial x}\right)$$

因此

$$-g\bar{\rho}\frac{\partial \zeta}{\partial x} = -\frac{\partial \bar{p}}{\partial x} + g\bar{\rho}\frac{\partial h}{\partial x}$$

$$-g\bar{\rho}\frac{\partial \zeta}{\partial y} = -\frac{\partial \bar{p}}{\partial y} + g\bar{\rho}\frac{\partial h}{\partial y}$$

代到两个方程的右边,得到

$$\bar{\rho}\left(\frac{\partial v_x}{\partial t} + v_x\frac{\partial v_x}{\partial x} + v_y\frac{\partial v_x}{\partial y}\right) = -\frac{\partial \bar{p}}{\partial x} + \bar{\rho}g\frac{\partial h}{\partial x}$$

$$\bar{\rho}\left(\frac{\partial v_y}{\partial t} + v_x\frac{\partial v_y}{\partial x} + v_y\frac{\partial v_y}{\partial y}\right) = -\frac{\partial \bar{p}}{\partial y} + \bar{\rho}g\frac{\partial h}{\partial y}$$

这与气动力学结果相像,只是多了后两项。若 $h=$ 常数,则 $\frac{\partial h}{\partial x} = \frac{\partial h}{\partial y} = 0$。 即当水底是水平面时,方程组与气动力学的就完全一样了。

与气动力学不同的是,在此 $\chi=2$。 仅此一点差别,否则完全一样。

同样 $v^2 > c^2$ 超临界流,

$v^2 < c^2$ 亚临界流。

这与超声速、亚声速完全一样。正因为这样,近 20 年来由于实际需要超声速流有很大发展,故它的计算方法就可以完全搬过来。如特征线方法、其他近似方法。

须注意：① 水深应远大于边界层厚，② 实际液体有黏性阻力。故在此引进了一些不太对的地方。考虑黏性，与一般气动就不大一样。现在想办法把水底弄得不水平，使它刚好与黏性阻力项抵消掉。当然这需要做些估计，做得不一定对。真正严格讲起来，除了浅水方面，在深的时候有这样一些近似，应考虑黏性纠正，不过不是太准，而有其局限性。

高速气流的水流模型

有人因此想利用水流现象来进行高速气流的模拟实验，例如 $h = 5\,\text{cm}, c = \sqrt{gh} = \sqrt{9.8 \times 0.05} = 0.70\,\text{m/s}, Ma = 4, v = 4c = 2.80\,\text{m/s}$。因此即使马赫数等于4，水流速度也不到 $3\,\text{m/s}$，这比较容易办到。但我们也注意到 $\chi = 2$ 与真正的气流是有区别的，故结果未可全信。当采用薄翼理论（仰角太大）及细长体（不是太细）不能解决时，计算不够准确，需要试验，但因 $\chi = 2$，故不是太准。

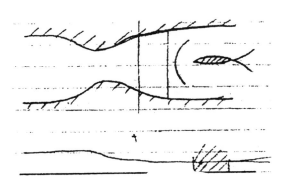

（1）水深不能太浅，否则水底附面层的影响太大。

（2）水深太大时不光是速度要大，而且尺寸也要加大。因为基本假设是水深与波长之比为小量，波长就是物体的尺寸。

（3）流型细小变化不能满足"浅水长波"的条件，例如表面波到 $1\,\text{cm}$ 左右要引入表面张力。不仅如此，（这时）v 不随 z 变化就说不通了。

这种模型的优点是简单易行。但由以上条件，它只能作为定性，不能定量。

现在考虑一元流动

$$v_x = v, \quad v_y = 0, \quad v_z = 0$$

$$\frac{\partial v}{\partial t} + v \frac{\partial v}{\partial x} = -g \frac{\partial \zeta}{\partial x}$$

$$\frac{\partial}{\partial x}[v(\zeta + h)] = -\frac{\partial \zeta}{\partial t}$$

利用

$$c^2 = g(\zeta + h)$$

取微分

$$2c\,\frac{\partial c}{\partial x} = g\,\frac{\partial \zeta}{\partial x} + g\,\frac{\partial h}{\partial x}$$

$$2c\,\frac{\partial c}{\partial t} = g\,\frac{\partial \zeta}{\partial t}$$

运动方程

$$\frac{\partial v}{\partial t} + v\,\frac{\partial v}{\partial x} = -2c\,\frac{\partial c}{\partial x} + g\,\frac{\partial h}{\partial x}, \quad gh = H$$

$$\frac{\partial v}{\partial t} + v\,\frac{\partial v}{\partial x} + 2c\,\frac{\partial c}{\partial x} - \frac{\mathrm{d}H}{\mathrm{d}x} = 0$$

假设

$$\frac{\mathrm{d}H}{\mathrm{d}x} = m = 常数$$

连续方程

$$\frac{\partial}{\partial x}(vc^2) = -g\,\frac{\partial \zeta}{\partial t}$$

$$2\,\frac{\partial c}{\partial t} + 2v\,\frac{\partial c}{\partial x} + c\,\frac{\partial v}{\partial x} = 0$$

无旋条件没有了。

特征线方法

将两个方程加起来

$$\frac{\partial v}{\partial t} + 2\,\frac{\partial c}{\partial t} + v\,\frac{\partial v}{\partial x} + c\,\frac{\partial v}{\partial x} + 2v\,\frac{\partial c}{\partial x} + 2c\,\frac{\partial c}{\partial x} - \frac{\mathrm{d}H}{\mathrm{d}x} = 0$$

可写成另外的形式：

$$\left[\frac{\partial}{\partial t} + (v + c)\,\frac{\partial}{\partial x}\right](v + 2c - mt) = 0$$

同样将两式相减

$$\left[\frac{\partial}{\partial t}+(v-c)\frac{\partial}{\partial x}\right](v-2c-mt)=0$$

因此,我们说,有一条线 C_1,其上

$$\frac{\mathrm{d}x}{\mathrm{d}t}=v+c$$

对于一观测者,若顺着这条线走,速度为 $v+c$,

$$\frac{D}{Dt}=\frac{\partial}{\partial t}+(v+c)\frac{\partial}{\partial x}$$

对他来讲

$$v+2c-mt=常数=k_1$$

即在 C_1 上,上式为常数。同样在 C_2 上:

$$\frac{\mathrm{d}x}{\mathrm{d}t}=v-c$$

则在 C_1 上:

$$v-2c-mt=k_2$$

如此,C_1、C_2 是 x、t 平面上的两族曲线即特征线。乍一看,好像把问题弄复杂了,但由此我们可以找到一个求解的办法,这个问题是一个给定初始条件的问题。

给定初始情况,求 $t>0$ 时的 c 及 v 的值。

当 $t=0$ 时给定 v、c 的值,求在其他时间 v、c 的值。

在开始点,$x\sim t$ 曲线的斜率已知,5 点的 k_1 与 1 点相同,k_2 与 2 点相同。mt 一致,故 $v+2c$、$v-2c$ 都知道了,故这一点的 v、c 可求出来,同样 6、7 点的 v、c 可求出来。然后如法炮制。

（1）若要使解精密,δx 就要取得小一些,数学上可以证明,当 $\delta x\to 0$ 时,所得的解也就趋近于精确解。实际上,画出来差不多是一条连续曲线就可以,若曲曲折折,就可能取得太宽了。

（2）能求解的区域限于自 1、4 点画出的 C_1、C_2 两条特征线所围的区域,除

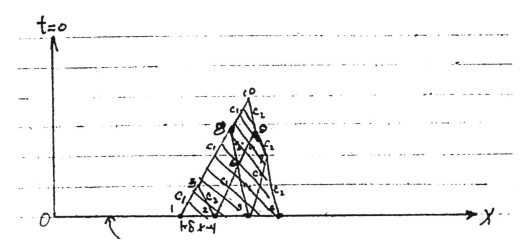

此不能解。这可用来估计大略能求解的区域。可以看出所给的初始条件能影响的范围就是这样大。

特征线法具体计算,近几十年来大有考究,各家说法不一。有一些技巧,主要是用在气动上,此处不详细讲,可自行参考。

用特征线法的前提是,C_1、C_2 必须相交。

水跃

我们所说的特征线方法要求两条 C_1 线或两条 C_2 线不相交。如果相交,那么在交点上 $v+2c$ 或 $v-2c$ 有两个数值。这就是说,在这一点上,v、c 有两个数值。

为何在一点产生两个值?

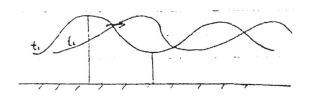

波峰水深,传播速度快,波谷传播慢。经过一段时间后就成下图情形,一点三值,引起很大混乱。

但实际上不到这种情况就发生方程的不连续解——水跃。

在物理上,这种情况下波形就不能维持,形成许多涡流。在数学上的现象就是直线(不连续面),我们用数学上的不连续面来代替实际现象。

为此,需先做一些预备工作。

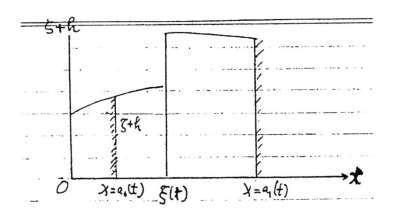

设不连续面随水走:

$$\frac{\mathrm{d}}{\mathrm{d}t}\int_{a_0(t)}^{a_1(t)}\rho(\zeta+h)\mathrm{d}x=0$$

动量的增加是由于左、右两个断面上压力不同:

$$\frac{\mathrm{d}}{\mathrm{d}t}\int_{a_0(t)}^{a_1(t)}\rho(\zeta+h)v\mathrm{d}x=\int_{-h}^{\zeta_0}(p-p_0)_{x=a_0(t)}\mathrm{d}z-\int_{-h}^{\zeta_1}(p-p_0)_{x=a_1(t)}\mathrm{d}z$$

$$=\frac{1}{2}g\rho(\zeta_0+h)^2-\frac{1}{2}g\rho(\zeta_1+h)^2$$

左边这个积分不好办,因为要经过不连续面

$$I=\int_{a_0(t)}^{a_1(t)}\psi(x,t)\mathrm{d}x$$

$$\frac{\mathrm{d}}{\mathrm{d}t}\int_{a_0(t)}^{a_1(t)}\psi(x,t)\mathrm{d}x=\frac{\mathrm{d}}{\mathrm{d}t}\int_{a_0(t)}^{\xi(t)_-}\psi(x,t)\mathrm{d}x+\frac{\mathrm{d}}{\mathrm{d}t}\int_{\xi(t)_+}^{a_1(t)}\psi(x,t)\mathrm{d}x$$

$$=\int_{a_0(t)}^{a_1(t)}\underbrace{\frac{\partial\psi(x,t)}{\partial t}}_{0}\mathrm{d}x+\psi(\xi_-,t)\dot{\xi}-\psi(a_0(t),t)v_0+$$

$$\psi(a_1(t),t)v_1-\psi(\xi_+,t)\dot{\xi}$$

令 $a_0 \to a_1$，$a_0 \to \xi$，$a_1 \to \xi$，

$$\lim_{a_0 \to a_1} \frac{\mathrm{d}I}{\mathrm{d}t} = \underset{\underset{\psi(\xi_+, t)}{\downarrow}}{\psi_1} (v_1 - \dot{\xi}) - \underset{\underset{\psi(\xi_-, t)}{\downarrow}}{\psi_0} (v_0 - \dot{\xi})$$

$$v_1 - \dot{\xi} = u_1$$

$$v_0 - \dot{\xi} = u_0$$

回到前面，则连续方程为

$$\rho(\zeta_1 + h)u_1 - \rho(\zeta_0 + h)u_0 = 0$$

动量方程为

$$\rho(\zeta_1 + h)v_1 u_1 - \rho(\zeta_0 + h)v_0 u_0 = \frac{1}{2}\rho g(\zeta_0 + h)^2 - \frac{1}{2}\rho g(\zeta_1 + h)^2$$

左端为 $\rho(\zeta_0 + h)u_0(u_1 - u_0)$，若给定一个断面的值，可以求另一个断面的值。

利用变换

$$\bar{\rho} = \rho(\zeta + h)，\quad \bar{p} = \frac{g}{2\rho}\bar{\rho}^2 = \frac{g\rho}{2}(\zeta + h)^2$$

$$\rho(\zeta_0 + h)u_0 = \bar{\rho}_1 u_1 = m = \rho(\zeta_1 + h)u_1 = \bar{\rho}_0 u_0$$

$$m(u_1 - u_0) = \bar{p}_0 - \bar{p}_1$$

$$\rho(\zeta_0 + h)u_0(u_1 - u_0) = \frac{1}{2}\rho g(\zeta_0 + h)^2 - \frac{1}{2}\rho g(\zeta_1 + h)^2$$

$$\rho(\zeta_0 + h)u_0^2 \left(\frac{u_1}{u_0} - 1\right) = \frac{1}{2}\rho g \underbrace{(\zeta_0 + h)^2}_{c_0^2} \left[1 - \left(\frac{\zeta_1 + h}{\zeta_0 + h}\right)^2\right]$$

因为

$$\frac{u_1}{u_0} = \frac{\zeta_0 + h}{\zeta_1 + h}$$

$$\rho(\zeta_0 + h)2\left(\frac{u_0}{c_0}\right)^2 \left(1 - \frac{\zeta_1 + h}{\zeta_0 + h}\right) \frac{1}{\dfrac{\zeta_1 + h}{\zeta_0 + h}} = \left(1 - \frac{\zeta_1 + h}{\zeta_0 + h}\right)\left(1 + \frac{\zeta_1 + h}{\zeta_0 + h}\right)$$

$$\left(\frac{\zeta_1 + h}{\zeta_0 + h}\right)^2 + \left(\frac{\zeta_1 + h}{\zeta_0 + h}\right) - 2\left(\frac{u_0}{c_0}\right)^2 = 0$$

所以

$$\left(\frac{\zeta_1+h}{\zeta_0+h}\right)=\frac{u_0}{u_1}=-\frac{1}{2}+\sqrt{2\left(\frac{u_0}{c_0}\right)^2+\frac{1}{4}}=\frac{\bar{\rho}_1}{\bar{\rho}_0}$$

如果 $0<\dfrac{u_0}{c_0}<1$：

$$\left(\frac{\zeta_1+h}{\zeta_0+h}\right)=\frac{u_0}{u_1}==\frac{\bar{\rho}_1}{\bar{\rho}_0}<1$$

如果 $1<\dfrac{u_0}{c_0}$：

$$\left(\frac{\zeta_1+h}{\zeta_0+h}\right)=\frac{u_0}{u_1}==\frac{\bar{\rho}_1}{\bar{\rho}_0}>1$$

可见由超临界流到亚临界流水深增加，反之突减，两种都成立，说不出哪种有理。为了证实哪种存在，就要计算机械能量。

机械能量的变化率为

$$\frac{\mathrm{d}E}{\mathrm{d}t}=\frac{\mathrm{d}}{\mathrm{d}t}\left\{\int_{a_0(t)}^{a_1(t)}\left[\rho(\zeta+h)\frac{v^2}{2}+\frac{g\rho}{2}(\zeta+h)^2\right]\mathrm{d}x\right\}$$

右端还要计算做了多少功，为总力乘速度。

不连续面左、右面：

$$-\left[\int_{-h}^{\zeta_0}(p-p_0)_{x=a_0(t)}v_0\mathrm{d}z-\int_{-h}^{\zeta_1}(p-p_0)_{x=a_1(t)}v_1\mathrm{d}z\right]$$

同前，令 a_1 逼近 a_0，则

$$\frac{\mathrm{d}E}{\mathrm{d}t}=\frac{1}{2}\bar{\rho}_1v_1^2u_1-\frac{1}{2}\bar{\rho}_0v_0^2u_0+\bar{p}_1u_1-\bar{p}_0u_0+\bar{p}_1v_1-\bar{p}_0v_0$$

现在用公式

$$m(u_1-u_0)=\bar{p}_0-\bar{p}_1$$

两边乘以 $\dot{\xi}$

$$m\dot{\xi}(u_1-u_0)=\bar{p}_0v_0-\bar{p}_0u_0-\bar{p}_1v_1+\bar{p}_1u_1$$

与前式相加可简化

$$\frac{\mathrm{d}E}{\mathrm{d}t}=\frac{1}{2}m(v_1^2-v_0^2)-m(u_1-u_0)\dot{\xi}+2\bar{p}_1u_1-2\bar{p}_0u_0$$

$$=\frac{1}{2}m(v_1+v_0)(u_1-u_0)-\frac{1}{2}m(u_1-u_0)(v_1-u_1)-$$

$$\frac{1}{2}m(u_1-u_0)(v_0-u_0)+2\bar{p}_1u_1-2\bar{p}_0u_0$$

$$=m\left[\frac{1}{2}(u_1^2-u_0^2)+2\left(\frac{\bar{p}_1}{\bar{\rho}_1}-\frac{\bar{p}_0}{\bar{\rho}_0}\right)\right]=\frac{\mathrm{d}E}{\mathrm{d}t}\qquad(*)$$

将 $\bar{p}_1$、$\bar{p}_0$ 都换掉：

$$\bar{p}_1=\frac{g}{2\rho}\bar{\rho}_1^2,\quad \bar{p}_0=\frac{g}{2\rho}\bar{\rho}_0^2$$

将 u_1、u_0 也换掉：

$$\frac{\mathrm{d}E}{\mathrm{d}t}=m\left[\frac{m^2}{2}\left(\frac{1}{\bar{\rho}_1^2}-\frac{1}{\bar{\rho}_0^2}\right)+\frac{g}{\rho}(\bar{\rho}_1-\bar{\rho}_0)\right]$$

$$m(u_1-u_0)=\bar{p}_0-\bar{p}_1$$

$$m^2\left(\frac{1}{\bar{\rho}_1}-\frac{1}{\bar{\rho}_0}\right)=\bar{p}_0-\bar{p}_1$$

$$m^2=\frac{\bar{p}_0-\bar{p}_1}{\dfrac{1}{\bar{\rho}_1}-\dfrac{1}{\bar{\rho}_0}}=\frac{g}{2\rho}\frac{\bar{\rho}_0^2-\bar{\rho}_1^2}{\dfrac{1}{\bar{\rho}_1}-\dfrac{1}{\bar{\rho}_0}}$$

都代入(*)式,得

$$\frac{\mathrm{d}E}{\mathrm{d}t}=m\frac{g}{\rho}\left[\frac{1}{4}(\bar{\rho}_0^2-\bar{\rho}_1^2)\left(\frac{1}{\bar{\rho}_1}+\frac{1}{\bar{\rho}_0}\right)+(\bar{\rho}_1-\bar{\rho}_0)\right]$$

即

$$\frac{\mathrm{d}E}{\mathrm{d}t}=\frac{mg}{\rho}(\bar{\rho}_0-\bar{\rho}_1)\left[\frac{(\bar{\rho}_0+\bar{\rho}_1)^2-4\bar{\rho}_1\bar{\rho}_0}{4\bar{\rho}_1\bar{\rho}_0}\right]$$

$$=\frac{mg}{\rho}(\bar{\rho}_0-\bar{\rho}_1)\frac{(\bar{\rho}_0-\bar{\rho}_1)^2}{4\bar{\rho}_1\bar{\rho}_0}$$

最后化简成

$$\frac{\mathrm{d}E}{\mathrm{d}t} = \frac{mg}{\rho} \frac{(\bar{\rho}_0 - \bar{\rho}_1)^3}{4\bar{\rho}_1\bar{\rho}_0}$$

这个结果很好。它说明：若 $\bar{\rho}_0 < \bar{\rho}_1$，则机械能随时间减少，损失了，那一定是变成了热。这是由于水跃涡流滚动，它本身是有动能的，但它不规则，在计算中不出现。终于由于黏性，动能消失了，变成热。这还是讲得通的，而且也符合对现象的观测。这时一定有 $\dfrac{u_0}{c_0} > 1$，水是超临界流；反之，若 $\bar{\rho}_0 > \bar{\rho}_1$，$\dfrac{u_0}{c_0} < 1$，即原来是亚临界流，机械能量反而增加了，但又没有一个物理机构使机械能增加。产生涡流终归是损耗，故这种情况是不对的，前面的情况是对的。

所以这个问题现在搞清楚了。具体水跃多高、潮水速度等都可以这样解决，原则问题已经解决了。坝的溃决的计算就可以用这个方法。坝的破坏，如三峡工程的防固问题，这个问题原则上可以用今天讲的算法解决。潮汐问题如钱塘江筑潮汐电站，潮水遇坝后升高多少？也可用此法。

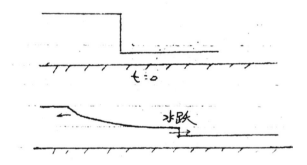

第六讲　河道和明渠中的流动

基本方程

我们先来建立计算河道和明渠中流动的一般基本方程。

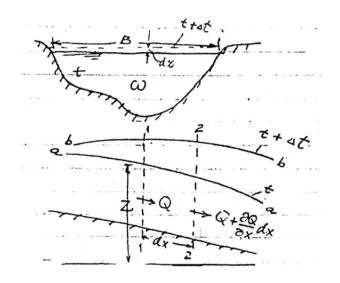

连续方程

在 Δt 时间内流过 2—2 断面的量为 $\left(Q+\dfrac{\partial Q}{\partial x}\mathrm{d}x\right)\Delta t$，流过 1—1 断面的量

为 $Q\Delta t$，故净流入 1—1 和 2—2 断面之间的量为 $-\dfrac{\partial Q}{\partial x}\mathrm{d}x\Delta t$。 流入的量储藏

在 1—1、2—2 断面之间，将使水面升高，即 1—1、2—2 断面之间体积增加

$\dfrac{\partial \omega}{\partial t}\Delta t\,\mathrm{d}x$：

$$-\frac{\partial Q}{\partial x}\mathrm{d}x\,\Delta t = \frac{\partial \omega}{\partial t}\Delta t\,\mathrm{d}x$$

若考虑渗透、蒸发，即当河水有损耗时：

q（取＋号是加入水）＝每单位时间及单位河流长度加入的体积

在 Δt、$\mathrm{d}x$，加入水为 $q\Delta t\,\mathrm{d}x$，得

$$-\frac{\partial Q}{\partial x}\mathrm{d}x\,\Delta t + q\,\Delta t\,\mathrm{d}x = \frac{\partial \omega}{\partial t}\Delta t\,\mathrm{d}x$$

即

$$\frac{\partial \omega}{\partial t} + \frac{\partial Q}{\partial x} = q$$

设 V 为河道平均（对断面而言）速度，有

$$Q = V\omega$$

我们算一下 $\frac{\partial \omega}{\partial t}$ 等于什么。

$$\Delta \omega \approx B\,\mathrm{d}z$$

$$\frac{\partial \omega}{\partial t} = B\,\frac{\partial z}{\partial t}$$

代入 $\frac{\partial \omega}{\partial t} + \frac{\partial Q}{\partial x} = q$：

$$B\,\frac{\partial z}{\partial t} + \frac{\partial(V\omega)}{\partial x} = q$$

矩形河道 $\omega = By$，$y =$ 水深，而 $B =$ 常数，则连续方程变为

$$\frac{\partial y}{\partial t} + \frac{\partial(yV)}{\partial x} = \frac{q}{B}$$

第二个方程是运动方程。

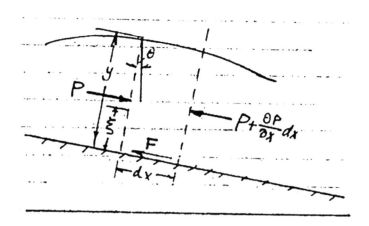

水宽 $b = f(\xi)$。

$$\omega = \int_0^y f(\xi)\mathrm{d}\xi$$

$$P = \rho g \cos\theta \int_0^y (y-\xi) f(\xi)\mathrm{d}\xi$$

在此引用了假设,即水的动压力完全由静压产生。水是缓变的,曲率很小,ρ 不变,θ 很小,$\cos\theta \approx 1$。

求积分对 x 的微商

$$\frac{\partial P}{\partial x} = \rho g \left[\int_0^y f(\xi)\mathrm{d}\xi\right] \frac{\partial y}{\partial x}$$

$$= \rho g \omega \frac{\partial y}{\partial x}$$

压力产生的合力为

$$-\frac{\partial P}{\partial x}\mathrm{d}x$$

剪力为

$$-F = -\tau \chi \mathrm{d}x$$

式中,τ 为剪应力;χ 为湿周;重力为

$$+\rho \omega \mathrm{d}x \cdot g \sin\theta$$

将所有力加起来:

$$-\rho g\omega\frac{\partial y}{\partial x}\mathrm{d}x-\tau\chi\,\mathrm{d}x+\rho\omega g\sin\theta\,\mathrm{d}x=\left(\frac{\partial V}{\partial t}+V\frac{\partial V}{\partial x}\right)\rho\omega\,\mathrm{d}x+q\rho V\,\mathrm{d}x$$

q 加入时,本身没有速度,若使其具有速度 V,则要加力。θ 很小,$\sin\theta\approx\tan\theta=i$(河底梯度)。由此得第二个方程:

$$i-\frac{\partial y}{\partial x}=\frac{1}{g}\left(\frac{\partial V}{\partial t}+V\frac{\partial V}{\partial x}\right)+\frac{\tau\chi}{\rho\omega g}+\frac{qV}{\omega g}$$

若已知水深 y 和平均流速 V,则可求 ω、B、$\tau\chi$。

给定 q(沿河流),故以上两个方程就是水深和流速即 y、V 的两个方程(一阶联立方程)。

给定的资料一般以数字表出现,故要用数值积分。在电子计算机出现前计算很慢,用电子计算机几十分钟可算十几天的径流,这样的计算是很有意义的[①]。这种计算是非线性的,在近年来颇有发展,计算方法行之有效。

水电站由于负荷变化,水流量改变对于中下游水位升高降低的影响,由于流量变化不大,可用微小干扰法将方程线性化,计算比较简单,用分析法得出结果。

讨论几个问题。

定常流、合流问题

阻力与河床糙度的关系因为是由实验得出来的,所以是经验公式,一般写作

$$\tau\chi=\rho g\omega\frac{r^2 V\,|\,V\,|}{gR}\quad\text{(Chezy 公式)}$$

$R=$ 水力半径 $=\omega/\chi$。r^2 为无量纲的粗度系数。

$$\tau\chi=\rho g\omega\frac{V\,|\,V\,|}{\gamma R^{\frac{4}{3}}},\quad\gamma\text{ 为系数,有量纲。（Manning 公式）}$$

考虑定常流、矩形河道情况,$q=0$。

---

① 钱老师讲的是 50 年前的电子计算机的情况,那时计算河道水流,预报十天的径流需要用几十分钟时间。现在电子计算机技术已经有很大发展,前几年我们为长江水利委员会科学院进行南水北调中线总干渠一维水-冰两相不定常流的数值计算,自丹江口渠首直到北京共约 1 200 km 的距离,沿途有众多的交叉建筑物。方程的因变量取为流速(流量)、水深(水位)、水温、流冰浓度,空间步长约 500 m,时间步长 150 s,根据气象和太阳辐射资料预报冬季 120 天水流和冰情。在 CPU 为奔-4、主频为 2.8 GHz 的个人计算机上,计算出一种方案的结果只需要 40 min 左右。

$$\frac{\mathrm{d}(yV)}{\mathrm{d}x}=0, \quad yV=D$$

$$V=\frac{D}{y}$$

$$g\left(i-\frac{\mathrm{d}y}{\mathrm{d}x}\right)=\frac{D}{y}\left(-\frac{D}{y^2}\right)\frac{\mathrm{d}y}{\mathrm{d}x}+g\frac{D^2}{y^2}\frac{1}{\gamma\left(\dfrac{y}{1+\dfrac{2y}{b}}\right)^{\frac{4}{3}}}$$

y、D 都取正值,故流速 V 为正。

$$\chi=B+2y$$

$$\omega=By$$

$$R=\frac{\omega}{\chi}=\frac{y}{1+\dfrac{2y}{B}}$$

这里用到了连续方程:

$$\underbrace{\left(g-\frac{D^2}{y^3}\right)}_{>0}\frac{\mathrm{d}y}{\mathrm{d}x}=g\left[i-\frac{D^2}{\gamma y^2\left(\dfrac{2y}{1+\dfrac{y}{B}}\right)^{\frac{4}{3}}}\right] \qquad (*)$$

一看可明了,若"[["中的项为零,即 $\frac{\mathrm{d}y}{\mathrm{d}x}=0$,则

$$\frac{D^2}{\gamma i}=y^{*2}\left(\frac{y^*}{1+\dfrac{2y^*}{B}}\right)^{\frac{4}{3}}$$

水深不因 x 不同而变,y^* 称为平衡水深。但也许有人会担心:$\left(g-\dfrac{D^2}{y^3}\right)$ 会不会等于零呢? 一般说,它是不会等于零的,因

$$g - \frac{D^2}{y^3} = \frac{1}{y}(gy - V^2)$$

$$gy = c^2$$

即 $\sqrt{gy}$ 为河中波的传播速度，一般说河中流速没有这样大，即

$$V < c$$

将（＊）式移项积分

$$x = \int_{y_0}^{y} \frac{g - \dfrac{D^2}{\eta^3}}{i - \dfrac{D^2}{\gamma \eta^2 \left(\dfrac{\eta}{1 + \dfrac{2\eta}{B}}\right)^{\frac{4}{3}}}} \mathrm{d}\eta$$

当 $x = 0$ 时，$y = y_0$。 给定流量就可以积分，计算是可以执行的，但我们不忙于计算，先考虑一个定性的结果。

y 在 y^* 附近的情况：

$$y = y^* + \varepsilon, \quad \mathrm{d}y = \mathrm{d}\varepsilon$$

$$g - \frac{D^2}{y^3} = g - \frac{D^2}{(y^* + \varepsilon)^3} = \underbrace{g - \frac{D^2}{y^{*3}}}_{>0} + 3\frac{D^2 \varepsilon}{y^{*4}} \cdots$$

$$\left[i - \frac{D^2}{\gamma \eta^2 \left(\dfrac{\eta}{1 + \dfrac{2\eta}{B}}\right)^{\frac{4}{3}}}\right]^{-1} = i^{-1} \underbrace{\left(\frac{10}{3}\frac{1}{y^*} - \frac{8}{3}\frac{1}{B + 2y^*}\right)^{-1}}_{>0} \frac{1}{\varepsilon} + \cdots$$

右端圆括号中第二项当 $B = 0$ 时最大，但它仍小于第一项，而一般情况下 B 不为零而是比水深大得多。在 $\eta = y^* + \varepsilon$ 时，积分子具有 $\dfrac{C}{\varepsilon}$ 的形式，C 是正数。

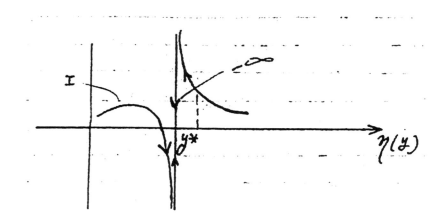

由此得出结论：(1) 当 y 从 $y > y^*$ 走向 $y = y^*$ 时，$x \to +\infty$。

(2) 当 y 从 $y < y^*$ 走向 $y = y^*$ 时，$x \to -\infty$。

由此只能由平衡水深走向不平衡水深，而不可能由不平衡水深走向平衡水深，这里面有方向性。这是很重要的一个结果。这个结果是否由于我们采取了一种阻力公式？但研究表明，结论是一般性的。实际上我们在此所写的不过是 $i - \dfrac{\tau\chi}{\rho\omega g}$，当平衡时它为零。当水深加大时，流速减低，阻力减小，整个 $i - \dfrac{\tau\chi}{\rho\omega g}$ 的量是正的，反之为负。

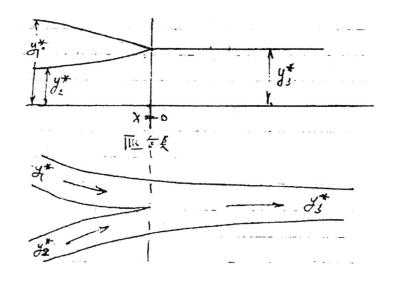

这将产生一个很重要的结果。当两河汇合时：y_3^* 是不能改的，因不能从不平衡水深走向平衡水深。因此两河汇合后，下游水位不受影响，而支流则受影响。即变化只能产生在上游而不能产生在下游。

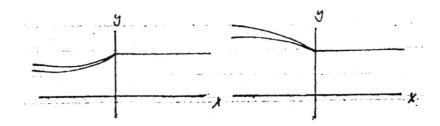

现在来计算：

一个简单的不定常流[①]——洪峰

矩形河道，$q=0$。

连续方程：

$$\frac{\partial y}{\partial t} + \frac{\partial (yV)}{\partial x} = 0$$

运动方程用 Manning 公式：

$$g\left[i - \frac{\partial y}{\partial x} - \frac{V\,|\,V\,|}{\gamma\left(\dfrac{y}{1+\dfrac{2y}{B}}\right)^{\frac{4}{3}}} \right] = \frac{\partial V}{\partial t} + V\frac{\partial V}{\partial x}$$

洪峰的传播是一个波，比水流速度要快。若观察者随波走，则水流情况不变。

$$\zeta = x - ut$$

u 为洪峰传播速度。

$$\frac{\partial}{\partial t} = -u\,\frac{\mathrm{d}}{\mathrm{d}\zeta}, \quad \frac{\partial}{\partial x} = \frac{\mathrm{d}}{\mathrm{d}\zeta}$$

连续方程变成

---

① "不定常流"在现行规范中称"非定常流"。

$$-u\frac{\mathrm{d}y}{\mathrm{d}\zeta}+V\frac{\mathrm{d}y}{\mathrm{d}\zeta}+y\frac{\mathrm{d}V}{\mathrm{d}\zeta}=0$$

$$(V-u)\frac{\mathrm{d}y}{\mathrm{d}\zeta}+y\frac{\mathrm{d}V}{\mathrm{d}\zeta}=0$$

$$\frac{\mathrm{d}y}{\mathrm{d}\zeta}\big[(V-u)y\big]=0$$

故
$$(V-u)y=\mathcal{D}=常数$$
即

$$g\left[i-\frac{V\mid V\mid}{\gamma\left(\dfrac{y}{1+2y/B}\right)^{\frac{4}{3}}}\right]=g\frac{\mathrm{d}y}{\mathrm{d}\zeta}+V\frac{\mathrm{d}V}{\mathrm{d}\zeta}-u\frac{\mathrm{d}V}{\mathrm{d}\zeta}$$

$$=g\frac{\mathrm{d}y}{\mathrm{d}\zeta}+(V-u)\frac{\mathrm{d}V}{\mathrm{d}\zeta}$$

$$V-u=\frac{\mathcal{D}}{y},\quad \frac{\mathrm{d}V}{\mathrm{d}\zeta}=-\frac{\mathcal{D}}{y^2}\frac{\mathrm{d}y}{\mathrm{d}\zeta}$$

由此

$$\left(g-\frac{\mathcal{D}^2}{y^3}\right)\frac{\mathrm{d}y}{\mathrm{d}\zeta}=g\left[i-\frac{\left(\dfrac{\mathcal{D}}{y}+u\right)\left|\dfrac{\mathcal{D}}{y}+u\right|}{\gamma\left(\dfrac{y}{1+2y/B}\right)^{\frac{4}{3}}}\right]$$

积分

$$\zeta=\frac{1}{g}\int_{y^*}^{y}\underbrace{\frac{\left(g-\dfrac{\mathcal{D}^2}{\eta^3}\right)\mathrm{d}\eta}{\dfrac{(\mathcal{D}+u\eta)\mid \mathcal{D}+u\eta\mid}{\gamma\eta^2\left(\dfrac{\eta}{1+2\eta/B}\right)^{\frac{4}{3}}}}}_{I},\quad y=y^*,\ \zeta=0$$

先将积分子画一下:

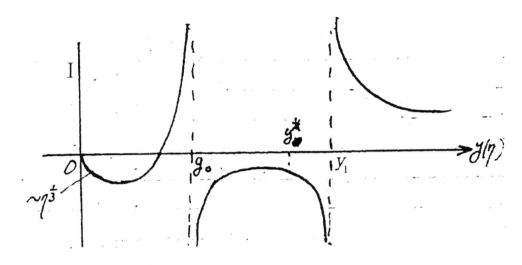

由计算经验，$\mathcal{D}$ 是负的。设 $\mathcal{D}$ 为负，即当 y 为正，峰的传播速度 u 大于水流速度 V。若 $\eta = 0$，则 $-\mathcal{D} \mid \mathcal{D} \mid$ 是正的。

η 增加到一定数值 y_0 时，分母变成零，然后变为负。故

（1）从 y^* 到 y_1，$\zeta \to -\infty$。

（2）从 y^* 到 y_0，$\zeta \to +\infty$。

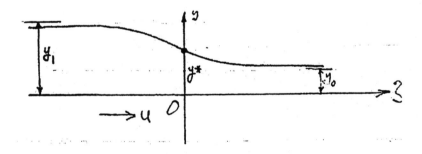

所以 y_1 代表上游的高水位，y_0 代表下游的低水位，而 u 代表径流锋的速度。y_0 及 y_1 可以由下列两个条件求得：

$$(\mathcal{D} + u y_0)^2 = i \gamma y_0^2 \left(\frac{y_0}{1 + 2 y_0 / B} \right)^{\frac{4}{3}}, \quad \mathcal{D} + u y_0 > 0$$

$$(\mathcal{D} + u y_1)^2 = i \gamma y_1^2 \left(\frac{y_1}{1 + 2 y_1 / B} \right)^{\frac{4}{3}}, \quad \mathcal{D} + u y_1 > 0$$

这两个方程可以作为给定了 y_0 及 y_1 去求 $\mathcal{D}$ 和 u 的方程，因为 $\mathcal{D} + u y_0$ 或 $\mathcal{D} +$

uy_1 都必须大于零。其实我们很容易求 u：

$$\mathscr{D}+uy_0=\sqrt{i\gamma}\,y_0\left(\frac{y_0}{1+2y_0/B}\right)^{\frac{2}{3}}$$

$$\mathscr{D}+uy_1=\sqrt{i\gamma}\,y_1\left(\frac{y_1}{1+2y_1/B}\right)^{\frac{2}{3}}$$

$$u=\frac{\sqrt{i\gamma}}{y_1-y_0}\left[y_1\left(\frac{y_1}{1+2y_1/B}\right)^{\frac{2}{3}}-y_0\left(\frac{y_0}{1+2y_0/B}\right)^{\frac{2}{3}}\right]$$

知道 y_1、y_0、B、i、γ，即可计算锋速 u。由于河床梯度 i 较小，所以计算出来的锋速 u 比前水波的速度要小得多。

由于河床摩擦，洪峰速度约为波速的 $\frac{1}{2}\sim\frac{1}{3}$，就是说由于河底的阻力作用，径流波不能以浅水波的速度行进，而是大大地减慢了。但是我们也知道 $\mathscr{D}$ 是负的，也就是说 u 一定大于 V，即锋速大于流速。它的波形稳定，维持不变，整个波形朝前走。那么，有无朝上走的波呢？（挡水升高或下游水位突然降低），或上游水位突然升高或降低向下游传递的波？只有我们讨论的这种情况计算结果是存在的。当然并非其他情况没有波，但要能维持形状不变，只有这一种情况。这个结果是很有用的，上游涨水，很快就形成波形。

但这个结果有其局限性，如二河汇流形成回水流的问题就不能解决，其他情况也得用到一开始的两个公式，用特征线法解决。

一般径流计算

矩形河道，$q=0$。两个基本方程如下：

$$\frac{\partial y}{\partial t}+V\frac{\partial y}{\partial x}+y\frac{\partial v}{\partial x}=0$$

$$\frac{\partial V}{\partial t}+V\frac{\partial V}{\partial x}+g\frac{\partial y}{\partial x}=g\left\{i-\frac{V\,|\,V\,|}{\gamma\left[y/(1+2y/B)\right]^{\frac{4}{3}}}\right\}$$

$$gy=c^2,\quad c\text{ 为波速}$$

不用 y，而以 c 为未知函数。

$$\frac{\partial gy}{\partial t} + V\frac{\partial gy}{\partial x} + gy\frac{\partial V}{\partial x} = 0$$

即

$$2c\frac{\partial c}{\partial t} + 2cV\frac{\partial c}{\partial x} + c^2\frac{\partial V}{\partial x} = 0$$

$$c\frac{\partial V}{\partial x} + 2V\frac{\partial c}{\partial x} + 2\frac{\partial c}{\partial t} = 0$$

第二式为

$$2c\frac{\partial c}{\partial x} + \frac{\partial V}{\partial t} + V\frac{\partial V}{\partial x} = g\left[i - \frac{V|V|}{\gamma\left(\dfrac{y}{1+2y/B}\right)^{\frac{4}{3}}}\right] = E(V,c)$$

将上两式相加

$$2\left[(c+V)\frac{\partial}{\partial x} + \frac{\partial}{\partial t}\right]c + \left[(c+V)\frac{\partial}{\partial x} + \frac{\partial}{\partial t}\right]V = E(V,c)$$

两式相减

$$-2\left[(-c+V)\frac{\partial}{\partial x} + \frac{\partial}{\partial t}\right]c + \left[(-c+V)\frac{\partial}{\partial x} + \frac{\partial}{\partial t}\right]V = E(V,c)$$

写得简单些：

$$\left[(c+V)\frac{\partial}{\partial x} + \frac{\partial}{\partial t}\right](2c+V) = E(V,c)$$

$$\left[(-c+V)\frac{\partial}{\partial x} + \frac{\partial}{\partial t}\right](-2c+V) = E(V,c)$$

即在 x、t 平面内,给定 V、c 的初值,求以后的情况。如此 $E(V,c)$ 可以计算。沿 $\frac{\mathrm{d}x}{\mathrm{d}t} = V+c$——①线,$2c+V$ 的增长率等于 E,同样在 $\frac{\mathrm{d}x}{\mathrm{d}t} = V-c$——②线上可以求出 $-2c+V$ 的增长率。这就是以前讲的特征线的办法。

　　当然也可以不用特征线法,直接用差分法计算。好处是可以预先选择数值,排成格子计算。无论用特征线法或差分法,计算工作量还是很大的,要用计算机。这种计算可以解决一般性问题。可是要注意一个问题,即 c 是波的传播速

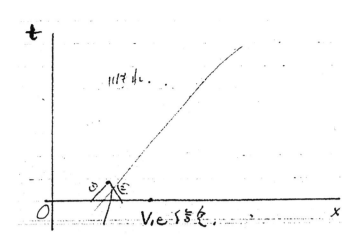

度,波走得比较快的。因此计算的网的点子要相距很远;而洪水来得慢,因此计算一大片以后,真正涨水还在后头。大部分地区水深变化不大。因此,在不需要的地方,格子可以粗一些,需要的地方就细一些,否则大部分工作都是白费(参看B. A. Архангельский《河渠中不稳定流计算》)。

　　计算要结合计算机,可以解决径流预报问题。

　　计算中阻力用了定常流的结果,原因是水流变化不是太快,是几个钟头而不是几秒。

第七讲　空泡、空蚀现象

在研究液体的运动时,我们也不能够忘掉液体在一定条件下是可以变成气体的。液体和气体之间有一定的转换条件,这个转换条件是一定温度下的物质气压。如果液体的压力高于气压,那么液体是稳定的,它不会变成蒸气;如果液体的压力低于气压,那么液体是不稳定的,它会从液体变成蒸气。这个气压随着温度的升高而加大。

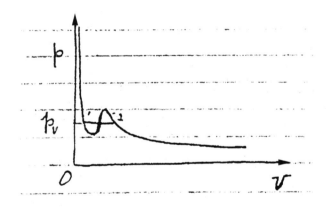

过去我们研究液体,总是把它看得很简单,看成容积不变,在上图中为一直线。在大多数情况下(如水),压缩性是很小的。但压力降低,开始时为 1 个大气压,流速增至约 14 m/s 时,由伯努利定理知压力几乎为零。由图中曲线可知,压力在相当大的范围内变化时容积可视为不变,但当压力降至蒸汽(液体为水)压力 p_v 时,水便不能保持容积不变的平衡状态。在大气压 1～2 范围内,水全转换为汽,然后容积按气体变化,当 15℃时,蒸汽压为 0.016 9 大气压,在此以上可认为流体不可压缩。当温度增加,蒸汽压力也增加(沸点的定义为在该温度下蒸汽压等于大气压)。若在水流内某一点或局部压力小于蒸汽压力时,怎么办?

最高速度总是在物体边界或表面附近产生,如叶片的表面。

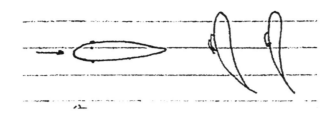

以水为例观察：液体运动的静压力要是降低，开始并不影响流体的运动，但若再降低至最低时，若压力等于蒸汽压，在低压区便可以开始看到白雾（气泡），看得不是很清楚，若用快速照相机照出来，可以发现白沫都是一些小的气泡，在前面区域不断产生。外面的水流便将气泡不断带出，带到压力增加的区域。高压区域压力大于蒸汽压，气泡必然归于破灭，水蒸气重新变为水。故用快速照相机看时，气泡在前端产生，在后端消灭。初一看，觉得问题也不大，只是局部的，力的变化并不大，对设计并不重要的。这种看法是不对的，因为气泡虽小，但变化很快。突然消灭时它对附近水的作用就像水里放了炸弹一样。因此就像无数的小锤子在锤击物体表面，锤击得很快，局部压力也很大。对表面固体材料来说，就会因为疲劳而破坏（因疲劳产生脆性，然后逐渐脱落）。开始的时候很光滑，然后就起麻点，再形成蜂窝。我前几年到丰满发电站，水电站用的是 Francis 式水轮机（9 台），在局部载荷下，导叶方向改变，局部速度很大，形成气蚀。后来用焊条来补，一修补就是一个月，损失不小。再如轮船的螺旋桨上，往往也可以观察到气蚀现象。

解决这个问题要从两方面入手，不能全靠力学。一方面是材料，要用高强度材料，可以不怕气蚀。最近有情报说，采用高分子塑料如尼龙，可以不怕空蚀；另一方面是水动力学的工作，改变形状，使低压区不出现小于蒸汽压的压力。谈这个问题就要给一个所谓空化系数或称空泡系数。

空泡系数 σ　空化的出现与否，是以气压来定的：

$$\sigma = \frac{p_0 - p_v}{\frac{1}{2}\rho u^2}$$

p_0 为远处的静压力，u 为水流速度，ρ 为水的密度，p_v 为蒸汽压。

最不利的情况是原来 p_v 就接近 p_0，即原来就快开锅，稍一加速就发生空化。因此在一般情况下 $\sigma > 0$，而在最不利时 $\sigma = 0$，那就是说没有物体，光是水

流也将沸腾了,这自然是一个下限。设没有空泡现象时,表面上最低压力是 p^*,压力系数为

$$c_p^* = \frac{p^* - p_0}{\frac{1}{2}\rho u^2}$$

一般 $p^* < p_0$,所以 $c_p^* < 0$。如果 $\sigma > -c_p^*$,即

$$\frac{p_0 - p_v}{\frac{1}{2}\rho u^2} > \frac{p_0 - p^*}{\frac{1}{2}\rho u^2}$$

或

$$p_v < p^*$$

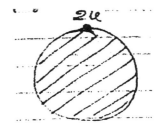

时,是不会有空化的。对圆柱绕流,当局部最大速度为 $2u$ 时,$c_p^* = \left[1 - \left(\frac{V}{u}\right)^2\right] = -3$,$\sigma^* = -c_p^* = 3$。故当 $\sigma > 3$ 时,不会有空化。因此问题归结为研究空化出现前流速的分布,使其尽可能均匀(当然不能绝对均匀,这样就不受力了)。这样问题就变成纯粹的流体力学(空气动力学)问题,可以不用水而用空气模型测压力分布。实际上,水力机械的研究是用空气模型来做的。它有许多好处(水有很多麻烦,如漏水),速度可以小,模型可以做得大(用木头),转得慢,也便于测量。如果设计条件需要的 σ^* 比 σ 小,就没有问题,不会发生空化。

局部的空化

当空化发生后,再降低 c_p,空化区就扩大。这时观察现象就往往发现,气泡的形状不是稳定的。表面上有时一片、二片、三片,是非定常的,发出噼啪声音,像放炮似的。最后可能形成一个大气泡,将固体包围起来,但它也是不稳定的。在这种情况下,流型怎样,压力分布怎样,还没法算,只有靠试验。但这种情况物体受多大力,不是太迫切需要。因这时破坏很大,物体已受不了。我们要避免这种情况发生,而不是在设计中追求这种条件。如果有可能发生,就做试验。一般是按不发生空化条件设计,再做金属模型,在水中试验。但这不是在正常情况下做试验,而是在不正常情况下做试

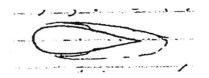

验。因为局部空化可能在局部负载条件下出现，$-c_p^*$ 加大。但这往往不需要做大的修改，因此理论上虽然有缺陷，并不是很严重。

完全的空泡情况

若包围物体的气泡发展得很大时，称完全空泡，它的长度可能是物体的几倍。

对这种空泡，我们往往并不避免，例如高速水翼船。

水翼像机翼一样产生升力，船身露出水面，减少波阻。这时 p_0 不大，而速度很高，因只有速度高在交通上才有意义（80～200 km/h）。因此这时我们不但不避免空泡，而是使它产生完全空泡。

我们比较注意问题的两端：或者不发生空泡，或者发生完全空泡。因这时流型又比较简单稳定，理论上又可以计算了。气泡稳定，流型也就稳定。计算上设气泡伸向无穷远，压力分布均为某温度下的 p_v，由此，在气泡周围的流线上

$$p_0 + \frac{1}{2}\rho u^2 = p_v + \frac{1}{2}\rho v_v^2$$

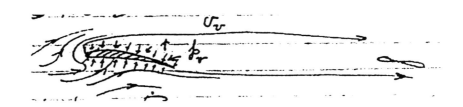

$$\frac{v_v^2}{u^2} = \frac{\frac{1}{2}\rho v_v^2}{\frac{1}{2}\rho u^2} = \frac{p_0 - p_v + \frac{1}{2}\rho u^2}{\frac{1}{2}\rho u^2} = \underbrace{\frac{p_0 - p_v}{\frac{1}{2}\rho u^2}}_{\sigma} + 1 = 1 + \sigma$$

因此,可以得出近似公式,可用以研究作用在物体上的力。压力分布也就是速度分布,一定形状,攻角给定,另外就取决于 v_v 的速度。u 的大小并不重要,因为物体并不知道老远有多大的速度。反正流速在物体前形成驻点,然后再增长至 v_v。驻点位置对于板垂直的情况是不变的,在倾斜时是可变的,与来流的速度有关。假设驻点位置不变,或变得很少,若表面点已给,则表面速度 $v = v_v f(s)$ 纯粹是所在位置点的函数。

$$p - p_v = \frac{1}{2}\rho v_v^2 - \frac{1}{2}\rho v^2 = \frac{1}{2}\rho v_v^2 \left[1 - \left(\frac{v}{v_v}\right)^2\right]$$

$$= \frac{1}{2}\rho v_v^2[1 - f^2(s)]$$

$$\left(\frac{1}{2}\rho v^2 + p = \frac{1}{2}\rho u^2 + p_0 = \frac{1}{2}\rho v_v^2 + p_v\right)$$

$$\frac{p - p_0}{\frac{1}{2}\rho u^2} = \frac{v_v^2}{u^2}[1 - f^2(s)] = (1 + \sigma)[1 - f^2(s)]$$

积分后:

$$\frac{总力/每单位长度}{\underset{\underset{弦长}{\uparrow}}{\frac{1}{2}\rho u^2 b}} = (1 + \sigma) \cdot (在 \sigma = 0 时的总力系数)$$

我们看到,如果 $\sigma = 0$ 时,$u = v_v$(因这时 $p_0 = p_v$)

$$\frac{p - p_0}{\frac{1}{2}\rho u^2} = 1 - f^2(s) = c_p$$

压力系数若求积分,就得总力系数。这就产生这样的情况:假设 $C_L(0)$ 为在 $\sigma = 0$ 时的升力系数,$C_D(0)$ 为在 $\sigma = 0$ 时的阻力系数。

则当 $\sigma \neq 0$ 时,有

$$C_L(\sigma) = (1+\sigma)C_L(0)$$

$$C_D(\sigma) = (1+\sigma)C_D(0)$$

这个结果不但简单,而且使我们的计算在很多情况下都不必要了。因为当 $\sigma=0$ 时的系数在许多文献中都已经计算好了。这就是克希霍夫的不连续流,过去许多数学家对此很感兴趣,二元的解已为意大利数学家莱维切维达所解决(见 Кочин 的书,专门有一章谈这种流型),例如迎面放置的二维平板(无限长板条):

$$C_D(0) = \frac{2\pi}{4+\pi}$$

$$C_L(0) = 0$$

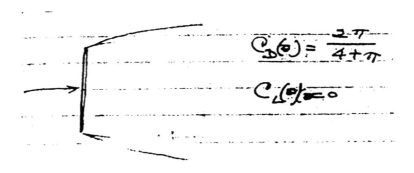

对称无升力,我们马上容易写出:

$$C_D(\sigma) = (1+\sigma)\frac{2\pi}{4+\pi}$$

$$C_L(\sigma) = 0$$

当板有仰角 α 时:

$$C_D(0) = \frac{2\pi\sin^2\alpha}{4+\pi\sin\alpha}$$

$$C_L(0) = \frac{\pi\sin 2\alpha}{4+\pi\sin\alpha}$$

这是对的,因 C_D/C_L 等于正切。更精确的计算可知,若驻点不变,上述公式直到 $\sigma = 1$ 时

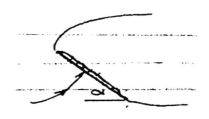

还是正确的。一般 $\sigma < 1$，$\sigma = 1$ 时是完全空泡的极限情况。当 $\sigma > 1$ 时完全空泡的可能性一般不大。当 $\sigma = 1$ 时误差为 1.2%，故公式是很准的。

$$0 < \sigma < 1 \quad 完全空泡$$

只有当 α 接近 $90°$ 时，以上公式的准确度才高；α 若很小公式不可靠，因为驻点在移动。

完全空泡中的平板

下面就讲讲怎样规规矩矩算完全空泡的问题。

现研究一无限长平板的二维问题，在有限远处速度都相当于蒸汽压力的速度，在相当远处，气泡一定要合并起来，在无穷远处速度一定要回到 u，因不能保持这样大的能量。

利用复速度势：

$$\varphi + i\psi = w(z), \quad z = x + iy$$

$$\frac{\mathrm{d}w}{\mathrm{d}z} = v_x - i v_y$$

$$\frac{v_x - i v_y}{v_v} = \bar{q}$$

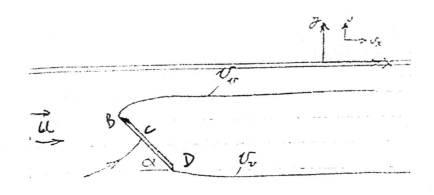

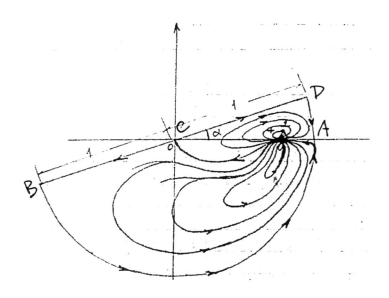

因此可知奇点 $+\dfrac{1}{\lambda}$ 的性质是实轴在水平方向的偶极子。现在要进行保角变换，将图变成易于处理的形式，将斜平面放平。将 ζ_1 半圆打开为上半平面。

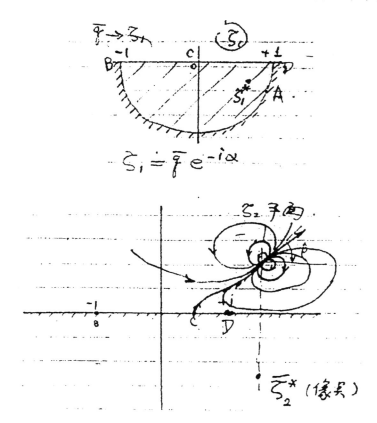

$$\zeta_2 = \frac{1}{2}\left(\zeta_1 + \frac{1}{\zeta_1}\right)$$

现在研究奇点跑到什么地方去了,记此点为 ζ_1^*、ζ_2^*：

$$\zeta_1^* = \bar{q}^* \, \mathrm{e}^{-\mathrm{i}\alpha} = \frac{1}{\lambda} \mathrm{e}^{-\mathrm{i}\alpha}$$

$$\zeta_2^* = \frac{1}{2}\left[\frac{1}{\lambda}(\cos\alpha - \mathrm{i}\sin\alpha) + \lambda(\cos\alpha + \mathrm{i}\sin\alpha)\right]$$

$$\zeta_2^* = \frac{1}{2}\left(\lambda + \frac{1}{\lambda}\right)\cos\alpha + \mathrm{i}\,\frac{1}{2}\left(\lambda - \frac{1}{\lambda}\right)\sin\alpha$$

我们知道 $\bar{q}$ 平面上偶极子的轴沿水平方向,在 ζ_2 平面上的方向尚不知道。现在来求在两个平面上此轴的角度关系:

$$\mathrm{d}\zeta_2 = \frac{\mathrm{d}\zeta_2}{\mathrm{d}\zeta_1}\frac{\mathrm{d}\zeta_1}{\mathrm{d}\bar{q}}\mathrm{d}\bar{q} = \frac{1}{2}\left(1 - \frac{1}{\zeta_1^2}\right)\mathrm{e}^{-\mathrm{i}\alpha}\mathrm{d}\bar{q}$$

在 $\zeta_1 = \zeta_1^*$ 时, 有

$$\frac{\mathrm{d}\zeta_2}{\mathrm{d}\bar{q}} = \frac{1}{2}(1 - \lambda^2 \mathrm{e}^{+2\mathrm{i}\alpha})\mathrm{e}^{-\mathrm{i}\alpha}$$

$$= -\frac{1}{2}\overbrace{(\lambda^2 - 1)}^{\text{正的}}\cos\alpha - \mathrm{i}\,\frac{1}{2}\overbrace{(\lambda^2 + 1)}^{\text{正的}}\underset{\alpha\text{为正时是正的}}{\sin\alpha}$$

$$= \frac{1}{2}(\mathrm{e}^{-\mathrm{i}\alpha} - \lambda^2 \mathrm{e}^{+\mathrm{i}\alpha})$$

故 $\mathrm{d}\zeta_2$、$\mathrm{d}\bar{q}$ 的关系由上述量的相角决定。

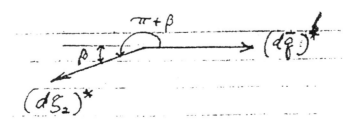

则
$$\beta = \tan^{-1} \left[\frac{\frac{1}{2}\left(\lambda + \frac{1}{\lambda}\right)\sin\alpha}{\frac{1}{2}\left(\lambda - \frac{1}{\lambda}\right)\cos\alpha} \right]^{①}$$

故在 ζ_2 平面上,偶极子需转一角度 $\pi + \beta$。

按源像法可写出复速度势:

$$w = c\left[\frac{e^{i(\beta+\pi)}}{\zeta_2 - \zeta_2^*} + \frac{e^{-i(\beta+\pi)}}{\zeta_2 - \bar{\zeta}_2^*} \right]$$

因此研究了半天,就是研究图形,现在大局已定,可以得出结果了。

我们把问题变成纯粹的流体力学问题(不可压缩、空泡无穷大),引用复速度势,经保角变换,将结果代回去:

$$w = -2c\left(\frac{e^{i\beta}\bar{q}}{e^{-i\alpha}\bar{q}^2 - 2\zeta_2^*\bar{q} + e^{i\alpha}} + \frac{e^{-i\beta}\bar{q}}{e^{-i\alpha}\bar{q}^2 - 2\bar{\zeta}_2^*\bar{q} + e^{i\alpha}} \right)$$

利用原来复势 w 与 z 的关系:

$$dz = \frac{1}{v_v\bar{q}}dw$$

$$dz = -\frac{2c}{v_v}\left[\frac{e^{i\beta}}{\bar{q}(e^{-i\alpha}\bar{q}^2 - 2\zeta_2^*\bar{q} + e^{i\alpha})} + \frac{e^{i\beta}(2e^{-i\alpha}\bar{q} - 2\zeta_2^*)}{(e^{-i\alpha}\bar{q}^2 - 2\zeta_2^*\bar{q} + e^{i\alpha})^2} + \right.$$

$$\left. \frac{e^{-i\beta}}{\bar{q}(e^{-i\alpha}\bar{q}^2 - 2\bar{\zeta}_2^*\bar{q} + e^{i\alpha})} - \frac{e^{-i\beta}(2e^{-i\alpha}\bar{q} - 2\bar{\zeta}_2^*)}{(e^{-i\alpha}\bar{q}^2 - 2\bar{\zeta}_2^*\bar{q} + e^{i\alpha})^2} \right]d\bar{q}$$

现在我们特别感兴趣的是在平板的附近,如果平板的宽度是 b,$\bar{q}$ 积分:

$\bar{q} = te^{+i\alpha}$, t 从 0 到 1

$\bar{q} = t'e^{+i\alpha}$, t' 从 -1 到 0

则对于 t 从 0 到 1,有 $d\bar{q} = e^{+i\alpha}dt$

得
$$b = -\frac{2c}{v_v}\left[\mathrm{e}^{\mathrm{i}\beta}\int_{-1}^{0}\frac{\mathrm{d}t'}{t'(t'^2-2\zeta_2^* t'+1)} + \mathrm{e}^{\mathrm{i}\beta}\int_{0}^{1}\frac{\mathrm{d}t}{t(t^2-2\zeta_2^* t+1)} + \right.$$

$$\mathrm{e}^{-\mathrm{i}\beta}\int_{-1}^{0}\frac{\mathrm{d}t'}{t'(t'^2-2\bar\zeta_2^* t'+1)} + \mathrm{e}^{-\mathrm{i}\beta}\int_{0}^{1}\frac{\mathrm{d}t}{t(t^2-2\bar\zeta_2^* t+1)} +$$

$$\mathrm{e}^{\mathrm{i}\beta}\left(\frac{1}{t'^2-2\zeta_2^* t'+1}\right)_{t'=-1}^{t'=0} + \mathrm{e}^{\mathrm{i}\beta}\left(\frac{1}{t^2-2\zeta_2^* t+1}\right)_{t=0}^{t=1} +$$

$$\left.\mathrm{e}^{-\mathrm{i}\beta}\left(\frac{1}{t'^2-2\bar\zeta_2^* t'+1}\right)_{t'=-1}^{t'=0} + \mathrm{e}^{-\mathrm{i}\beta}\left(\frac{1}{t^2-2\bar\zeta_2^* t+1}\right)_{t=0}^{t=1}\right]$$

这是可以大大简化的,因若将 $t'=-t$ 代入后,$t'^2=t^2$,消去某些项

$$b = -\frac{2c}{v_v}\left[\mathrm{e}^{\mathrm{i}\beta}\int_{0}^{1}\frac{-\mathrm{d}t}{t(t^2+2\zeta_2^* t+1)} + \mathrm{e}^{\mathrm{i}\beta}\int_{0}^{1}\frac{\mathrm{d}t}{t(t^2-2\zeta_2^* t+1)} + \right.$$

$$\left.\mathrm{e}^{-\mathrm{i}\beta}\int_{-1}^{0}\frac{-\mathrm{d}t'}{t'(t'^2+2\zeta_2^* t'+1)} + \mathrm{e}^{-\mathrm{i}\beta}\int_{-1}^{0}\frac{-\mathrm{d}t'}{t'(t'^2-2\zeta_2^* t'+1)} + \right.$$

$$\cdots\cdots$$

前两项拼起来,得

$$\frac{\cancel{(t^2+1)}+2\zeta_2^*\cancel{t}-\cancel{(t^2+1)}+2\zeta_2^*\cancel{t}}{\cancel{t}\left[(t^2+1)^2-4(\zeta_2^*)^2 t^2\right]} = \frac{4\zeta_2^*}{\left[(t^2+1)^2-4(\zeta_2^*)^2 t^2\right]}$$

$$b = -\frac{2c}{v_v}\left[\mathrm{e}^{\mathrm{i}\beta}4\zeta_2^*\int_{0}^{1}\frac{\mathrm{d}t}{(t^2+1)^2-4(\zeta_2^*)^2 t^2} + \mathrm{e}^{-\mathrm{i}\beta}4\bar\zeta_2^*\int_{0}^{1}\frac{\mathrm{d}t}{(t^2+1)^2-4(\bar\zeta_2^*)^2 t^2} + \right.$$

$$\left.\mathrm{e}^{\mathrm{i}\beta}\zeta_2^*\frac{1}{1-(\zeta_2^*)^2} + \mathrm{e}^{-\mathrm{i}\beta}\bar\zeta_2^*\frac{1}{1-(\bar\zeta_2^*)^2}\right] \tag{A}$$

$$p-p_v = \frac{1}{2}\rho v_v^2 - \frac{1}{2}\rho\mid v_x - \mathrm{i}v_y\mid^2 = \frac{1}{2}\rho v_v^2[1-\overset{t^2}{\overbrace{q\bar q}}]$$

在板面:

$$(p-p_v)\mathrm{d}z = \frac{1}{2}\rho v_v^2[1-t^2]\mathrm{d}z$$

所有计算之前都做过了。计算总力结果(总力垂直于平板)如下:

$$\frac{P}{\frac{1}{2}\rho v_v^2 b} = 1 + \frac{-c}{b v_v}\left[\mathrm{e}^{\mathrm{i}\beta}\zeta_2^*\frac{1}{1-(\zeta_2^*)^2} + \mathrm{e}^{-\mathrm{i}\beta}\frac{1}{1-(\bar\zeta_2^*)^2} - \right.$$

$$e^{i\beta}4\zeta_2^* \int_0^1 \frac{t^2\,\mathrm{d}t}{(t^2+1)-4(\zeta_2^*)^2 t^2} -$$

$$e^{i\beta}4\overline{\zeta}_2^* \int_0^1 \frac{t^2\,\mathrm{d}t}{(t^2+1)-4(\overline{\zeta}_2^*)^2 t^2} \Bigg] \tag{B}$$

这是最后的结果。可以注意到,虽有复数存在,但总是两部分共轭相加,因此加起来是实数,没有虚数。知道了板的长度,可由式(A)求复势函数中的 c 值;然后由式(B)可求总力。这个工作以前没有人做过,我也没有工夫算,但还是值得算的。有一个结果,很繁,且是近似的。但我们这里没有任何近似。这是平板,弯曲板也可以用保角变换得到,已为列维奇维塔解决,见 Кочин 的书。

计算可验证前面的简单结果是否正确,曾有人用较繁而近似的方法做出来,说 α 小时不正确,现看

$$\alpha = \frac{\pi}{2}$$

$$\beta = \frac{\pi}{2}, \quad e^{i\beta}=i, \quad e^{-i\beta}=-i$$

$$\zeta_2^* = i\frac{\lambda-\frac{1}{\lambda}}{2}, \quad \overline{\zeta}_2^* = -i\frac{\lambda-\frac{1}{\lambda}}{2}$$

$$b = +\frac{2c}{v_v}\left[4\left(\lambda-\frac{1}{\lambda}\right)\int_0^1 \frac{\mathrm{d}t}{(t^2+1)^2+\left(\lambda-\frac{1}{\lambda}\right)^2 t^2} + \left(\lambda-\frac{1}{\lambda}\right)\frac{1}{1+\dfrac{\left(\lambda-\frac{1}{\lambda}\right)^2}{4}} \right]$$

这个积分并不讨厌:

$$(t^2+1)^2+\left(\lambda-\frac{1}{\lambda}\right)^2 t^2$$

$$= t^4+2t^2+1+\left(\lambda^2-2+\frac{1}{\lambda^2}\right)t^2$$

$$= t^4+\left(\lambda^2+\frac{1}{\lambda^2}\right)t^2+1=\left(\lambda^2+\frac{1}{\lambda^2}\right)(t^2+\lambda^2)$$

故易于化为部分分式积分,得

$$b = \frac{8c}{v_v} \left\{ \frac{1}{\lambda + \frac{1}{\lambda}} \left[\lambda \tan^{-1}(\lambda) - \frac{1}{\lambda} \tan^{-1}\left(\frac{1}{\lambda}\right) \right] + \frac{\lambda - \frac{1}{\lambda}}{\left(\lambda + \frac{1}{\lambda}\right)^2} \right\}$$

同时得

$$\frac{P}{\frac{1}{2}\rho v_v^2 b} = 1 - \frac{8c}{b v_v} \left\{ \frac{\lambda - \frac{1}{\lambda}}{\left(\lambda + \frac{1}{\lambda}\right)^2} - \frac{1}{\lambda + \frac{1}{\lambda}} \left[\lambda \tan^{-1}\left(\frac{1}{\lambda}\right) - \frac{1}{\lambda} \tan^{-1}(\lambda) \right] \right\}$$

由此两式消去 c，即得总力为

$$\frac{P}{\frac{1}{2}\rho v_v^2 b} = \lambda^2 \frac{\left(\lambda - \frac{1}{\lambda}\right) \overbrace{\left[\tan^{-1}(\lambda) + \tan^{-1}\left(\frac{1}{\lambda}\right) \right]}^{\pi/2}}{\frac{\lambda - \frac{1}{\lambda}}{\lambda + \frac{1}{\lambda}} + \lambda \tan^{-1}(\lambda) - \frac{1}{\lambda} \tan^{-1}\left(\frac{1}{\lambda}\right)}$$

$$= \frac{\lambda^2 \frac{\pi}{2}}{\frac{1}{\lambda + \frac{1}{\lambda}} + \tan^{-1}(\lambda) + \frac{\tan^{-1}(\lambda) - \tan^{-1}\left(\frac{1}{\lambda}\right)}{\lambda^2 - 1}}$$

$$\begin{cases} \tan^{-1}(\lambda) = \vartheta \\ \tan^{-1}\left(\frac{1}{\lambda}\right) = \phi \quad \tan\phi = \frac{1}{\lambda} \quad \cot\phi = \lambda \\ \tan\left(\frac{\pi}{2} - \phi\right) = \cot\phi = \lambda \\ \tan^{-1}\lambda = \frac{\pi}{2} - \phi \end{cases}$$

由前知 $\lambda^2 = \frac{v_v^2}{u^2} = 1 + \sigma$，$\lambda = (1 + \sigma)^{\frac{1}{2}}$。

设 σ 很小，

$$\tan^{-1}(\lambda) = \tan^{-1}\left(1 + \frac{\sigma}{2} - \frac{1}{8}\sigma^2 + \frac{1}{16}\sigma^3 \cdots\right)$$

$$= \frac{\pi}{4} + \frac{1}{4}\sigma - \frac{1}{8}\sigma^2$$

代入上式,得

$$\frac{P}{\frac{1}{2}\rho u^2 b} = (1 + \sigma)\frac{\frac{\pi}{2}}{\left(1 + \frac{\pi}{4}\right) - \frac{1}{24}\sigma^2 \cdots}$$

$$= \frac{2\pi}{4 + \pi}\left[1 + \sigma + \frac{1}{6(4 + \pi)}\sigma^2 \cdots\right]$$

我们知

$$\frac{2\pi}{4 + \pi} = c_D(0)$$

则

$$c_D(\sigma) = c_D(0)\left[1 + \sigma + \frac{1}{6(4 + \pi)}\sigma^2 \cdots\right]$$

比前面的近似公式多一项,当 $\sigma = 1$ 时修正项不过 2%,而前两项是 $1 + 1 = 2$,故很准。这是驻点不变,在其他情形下,当驻点变时不运用。

斜板计算的结果(有些绕圈子)对不同 σ,与实验结果很符合,所以我们有信心说,这种计算方法可以用来解决完全空泡的问题。在一般情况计算可能比较麻烦,但我们有近似公式,当驻点不大改变时,就可以利用 $\sigma = 0$ 时的系数来计算。若驻点改变,那你没有办法。要算,也可以用纯流体力学速度图方法,至于你用什么方法得到复速度势的保角变换,要看具体情况,需要技巧。

至于局部空泡,尚无办法。两头是已经解决了,中间一段没有办法解决,得用试验。水轮机在正常运转情况下要避免空泡,又是流体力学问题。可以做空气模型。但要在 1/4 载荷情况下,局部空泡可作水流模型试验,这是一类问题。另一类问题像高速水翼船,又可以用理论计算。计算有时比较麻烦,但并非不可能。

第八讲　泥沙问题

密度比水大的固体粒子在宏观尺度和重力作用下,只有下沉,实际上有很多情况下是浮在水里面的。原因如下:

(1) 水有分子运动。沙粒受到了水分子的碰击,不是往下走,而是做一个随机的运动。但仅当粒径很小,几乎是胶体时才有这种现象,在粒径较大时不重要。

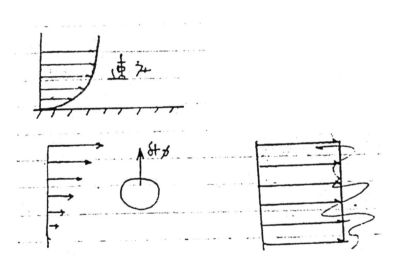

(2) 河流由于黏性,速度有横向梯度(附面层),它可以使固体粒子产生升力。

(3) 湍流。产生脉动速度,加在平均速度之上。这个脉动速度是上下左右前后都有的。如果脉动速度是各向同性的,那么就没有升力。但在很多情况下,如靠近河底,湍流脉动速度是各向异性的,向上的时候多于向下,因此将固体颗粒向上推。

可以概括地讲,三种情况都是由水的黏性引起的。第一种,黏性的微观原因是分子运动;第二种,是由于黏性产生速度梯度;第三种,湍流的存在也是由于黏性。虽然对于完全湍流,现象一定,雷诺数 Re 不出现,计算中不出现黏性项,但这并不意味着现象中没有黏性力,而是体积力(重力)与黏性力平衡,因此看不见黏性力。

河道中泥沙的输移问题

要了解这个问题,先看一下实际情况。

河底的一层沙不是平铺的,而是形成沙涟(沙波),不是正弦波的形状,而是在顺水流的阳面坡度小,阴面坡度大。它有一个很小的向前爬的速度 c。紧挨其上,泥沙浓度最大,产生湍流涡流,搅得最厉害,即湍流的各向异性程度最厉害。愈往上走,各向异性愈来愈弱,各向异性脉动速度愈来愈少,因此平衡之后,浓度减少,粒径也减小。到了水面,各向异性作用(2、3 作用)就减为零了。当然还有一些很细的,这是由于分子运动的影响。

从这一幅图画来看,谈河道泥沙问题,应分三部分来考虑:

(1)河底沙涟形成。它的波长、波形、波高。

(2)河底的粗糙度(由于波的存在所引起的)所引起的湍流。

(3)泥沙与湍流相互影响(湍流可以将泥沙托起来,但托起之后沙粒对水的运动将形成阻碍)。

现分开三部分,三部分是互相关联的,而不是隔离的。实际上第一个问题与波形、湍流脉动有关;不用说第二个与第三个也是互相影响的。这几个问题只是讲一下,现在对这三个问题真正有把握,能够计算的很少。只有第三个问题有一部分可以有把握解决。当浓度不太大,泥沙颗粒不太大时,泥沙浓度的分布可以算,其他沙涟的形成、波高、波长、粗糙度,现在尚无计算方法。第一、第二个问题现在还只有一些揣摩,不是很清楚。所以泥沙问题,从力学观点来看还差得很远。从力学观点来看,至少还要靠半经验、半理论,只有一些常数靠试验,从这个角度来看差得很远。工程师要解决问题就靠试验,泥沙参数太多:颗粒大小、形状、分布、水流速度、水深、河床形状尺寸大小、泥沙性质。工程师是从他所感兴趣的范围选取较窄的参数来进行模拟。但是每个人所做的都在较窄范围内,很难推到一般情况(经验公式)。如挟沙能力,个人所用的经验公式,注意的参数不一样,就有很大的局限性。有的形状还像,有的连彼此都不像,至少有二十几个。有人说与速度成比例,有人说与 3/2 次幂成比例,各有千秋。计算结果都不一样,理论也不完全。清水在管中的湍流,半理论、半经验的公式已较可靠,但泥沙就没有。所做的试验可以代表所选参数的一小撮情况,但有局限,只能用在试验区域所准备用的那一小部分。

力学还没有解决泥沙问题,只有一些片断的理解和看法,解决的只有下面一种情形。

悬沙浓度的分布

在清水中速度分布已解决,即所谓对数分布公式。清水中如果底部粗糙度是 k_s,底部剪应力为

$$\tau_0 = \rho u_*^2$$

式中,u_* 为摩阻速度(为了称呼方便):

$$\frac{V(y)}{u_*} = \frac{1}{\kappa} \ln \frac{y}{k_s} + 8.5$$

式中,κ 为 Kármán 常数(0.4)。

$$k_s \leqslant y \leqslant k_s + h, \quad h \text{ 为水深}$$

清水速度分布规律(清水湍流):存在湍流的各向异性,由此速度来求传输系数 ε:

$$\text{片流} \quad \tau = \mu \frac{\mathrm{d}V}{\mathrm{d}y}$$

$$\text{湍流} \quad \tau = \rho \varepsilon \frac{\mathrm{d}V}{\mathrm{d}y}$$

ε 表示湍流的扩散过程,包括剪力、温度、浓度的扩散。我们从剪力分布计算传输系数,再计算传输能力。

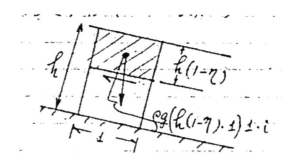

重力的分力为剪力所平衡:

$$\rho g\big[h(1-\eta)\times 1\big]\times 1 i = \tau$$

τ 在水面为零,在河底最大 $\tau = \tau_0$,可写为

$$\tau = \tau_0(1-\eta) = \rho\varepsilon\frac{\mathrm{d}V}{\mathrm{d}y} = \rho\varepsilon u_*\frac{1}{\kappa}\frac{1}{y}$$

即

$$\rho u_*^2(1-\eta) = \rho\varepsilon u_*\frac{1}{\kappa}\frac{1}{k_s+h\eta} = \rho\varepsilon\left(\frac{u_*}{k_s}\right)\frac{1}{\kappa}\frac{1}{1+\dfrac{\eta}{k_s/h}}$$

$$(k_s \leqslant y \leqslant k_s+h,\quad y = k_s+h\eta)$$

$$\frac{k_s}{h} = r,\quad r \ll 1$$

$$\varepsilon = u_*\kappa k_s\left(1+\frac{\eta}{r}\right)(1-\eta)$$

传递系数求出来,就可以据此求扩散的速度,对于一部分沙粒,它在静水中下沉的速度是 W,可以做试验。在深度 y 处,以体积计算的浓度(在单位体积水中泥粒的总体积)为 ΔS,向下流的沙量为 $\Delta S\cdot W$,沉降是自上而下,扩散是自下而上的,在一定情况下两者平衡,浓度不变,即在平衡时

$$\underset{\text{由于下沉}}{-\Delta S\cdot W} = \underset{\text{由于扩散}}{+\varepsilon\frac{\mathrm{d}\Delta S}{\mathrm{d}y}}$$

$$\mathrm{d}y = h\,\mathrm{d}\eta$$

$$-\mathrm{d}y = -h\,\mathrm{d}\eta = \frac{\varepsilon}{W}\mathrm{d}(\ln \Delta S)$$

$$-h\,\mathrm{d}\eta = \frac{u_* \kappa}{W} k_s \left(1 + \frac{\eta}{r}\right)(1 - \eta)\mathrm{d}(\ln \Delta S)$$

$$\mathrm{d}(\ln \Delta S) = -\left(\frac{W}{u_* \kappa}\right)\frac{\mathrm{d}\eta}{(r + \eta)(1 - \eta)}$$

$\dfrac{W}{u_* \kappa} = \beta$ 是无量纲参数，因 Kármán 常数 κ 无量纲。

$$\mathrm{d}(\ln \Delta S) = -\beta \left(\frac{1}{1 - \eta} + \frac{1}{r + \eta}\right)\frac{\mathrm{d}\eta}{1 + r}$$

可以积分

$$\ln \frac{\Delta S}{\Delta S_0} = \ln \left(\frac{1 - \eta}{1 + \dfrac{\eta}{r}}\right)^{\frac{\beta}{1+r}}$$

$\Delta S_0 =$ 河底的浓度（$\eta = 0$）：

$$\Delta S = (\Delta S_0)\left(\frac{1 - \eta}{1 + \dfrac{\eta}{r}}\right)^{\frac{\beta}{1+r}}$$

当 $r \ll 1$，$1 + r \approx 1$。

$$\Delta S = (\Delta S_0)\left(\frac{1 - \eta}{1 + \dfrac{\eta}{r}}\right)^{\frac{\beta}{1+r}}$$

这是计算同种大小的沙粒，沉速相同。对于不同大小的沙粒，假设每种都对此机构保持平衡，互不影响（保持自己的下降速度）。有一个分布，实际上泥沙有一个概率分布，假设河底总浓度为 S_0，则

$$\Delta S_0 = S_0 w(W)\mathrm{d}W$$

$w(W)\mathrm{d}W =$ 沉速在 $W + \mathrm{d}W$ 之间的泥沙颗粒（在河底）的概率。将各种可能性加

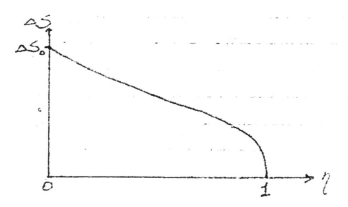

起来当然等于 1。

$$\int_0^\infty w(W)\,dW = 1$$

$$\Delta S = \int_0^\infty w(W)\,dW \left(\frac{1-\eta}{1+\dfrac{\eta}{r}}\right)^{\frac{W}{\kappa u_*}}$$

$$S(\eta) = S_0 \int_0^\infty w(W)\,dW \left(\frac{1-\eta}{1+\dfrac{\eta}{r}}\right)^{\frac{W}{\kappa u_*}}$$

即从河底取样看 W 的分布，然后再一层层地求出来。

$$\frac{V}{u_*} = \frac{1}{\kappa}\ln\frac{y}{k_s} + 8.5$$

$$\rho^* = \rho_s \frac{\displaystyle\int_0^1 S(\eta)V\,d\eta}{\displaystyle\int_0^1 V\,d\eta} \quad\text{也称挟沙能力，} \rho_s \text{ 为沙粒密度。}$$

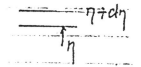

$$\rho^* = \frac{\rho_s \displaystyle\int_0^1 S(\eta)\left[\frac{1}{\kappa}\ln\left(1+\frac{\eta}{r}\right)+8.5\right]d\eta}{\displaystyle\int_0^1 \left[\frac{1}{\kappa}\ln\left(1+\frac{\eta}{r}\right)+8.5\right]d\eta}$$

知道各层沉速分布情况，知道 w 函数与速度分布，就可以求挟沙能力。

在此引用了一个假设，即泥水运动与清水一样，故挟沙水流速度分布引用清水分布。假设泥沙颗粒基本上与水一起动，与水的相对速度很小，即它与湍流流

速相比很小(以 κu_* 来衡量),即下沉速度要远远小于 κu_*

$$W \ll \kappa u_*, \quad \beta \ll 1$$

即下沉速度必须很慢,这有实验结果。在满足此条件下,结果是准确的(符合实验),因此沙粒必须很细,因此沉速较小。

颗粒较粗时,必然影响湍流。苏联学者做了些工作,但由于湍流问题并未解决,因此尚未能得到很明确的结果,只是有人在那里做些猜想试试看。有时对,有时不对。因此对粗沙尚无解决办法。再看看两个参数 u_*、k_s,他们依赖河底参数——沙涟,但沙涟尚无解决办法,即使搞出形状,怎样与 u_*、k_s 联系起来也未解决。因此可以依靠的试验数据不多。有时不太小心,速度太大,底面泥沙又没有铺满,露出底板。从理论上来看,这种试验只能报废。还有试验不是从理论上找参数的关系,因此数据不完全,虽然在某个问题中是可用的。因此不能作为比较可靠的经验公式分析。

因此这一套东西,算了半天,但 u_*、k_s 不知道,每次都要再量一道。因此泥沙输移理论比较片断,没有完整的理论。

参考:蔡树棠,力学学报,2 卷 2 期。希望解决二元渠道……,但实际上没有解决,还需要再做工作。因试验结果还不够多,有些分析的方法。将来如果要做这方面的工作,可以参考。办法是力学中常用的。

因此从力学上来讲,泥沙传输只能讲到这里,其他尚无完整理论。

下面再讲一个片断。

浅水(情况下)沙涟波长

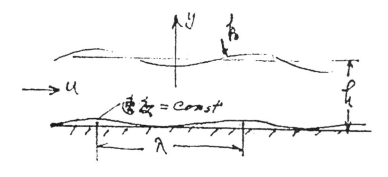

由于水不深,水面上必然随沙波起伏,波长与流速有一定关系。我们一开始

就把问题简化了，水流速不会是均匀的，有湍流附面层。在简单理论中这些都没有考虑，只是上面满足自由面条件，下面沙面上要求速度为常数（否则沙面形状不可能不变，速度小的地方要沉降填起来，大的地方要冲刷）。沙涟爬行速度很小，可忽略。

设在底面
$$y = -h + A\sin\frac{2\pi x}{\lambda}$$

表面
$$y = B\sin\frac{2\pi x}{\lambda}$$

对二维无黏性流体，用速度势

$$\phi = ux + C\cos\frac{2\pi x}{\lambda}\sinh\frac{2\pi y}{\lambda} + D\cos\frac{2\pi x}{\lambda}\cosh\frac{2\pi y}{\lambda}$$

满足 Laplace 方程：
$$\nabla^2\phi = 0$$

$$v_x = \frac{\partial\phi}{\partial x} = u + \frac{2\pi}{\lambda}\left(-C\sin\frac{2\pi x}{\lambda}\sinh\frac{2\pi y}{\lambda} - D\sin\frac{2\pi x}{\lambda}\cosh\frac{2\pi y}{\lambda}\right)$$

$$v_y = \frac{\partial\phi}{\partial y} = \frac{2\pi}{\lambda}\left(C\cos\frac{2\pi x}{\lambda}\cosh\frac{2\pi y}{\lambda} + D\cos\frac{2\pi x}{\lambda}\sinh\frac{2\pi y}{\lambda}\right)$$

当 $y = -h$ 时：

$$v_y = \frac{2\pi}{\lambda}\left(C\cosh\frac{2\pi h}{\lambda} - D\sinh\frac{2\pi h}{\lambda}\right)\cos\frac{2\pi x}{\lambda}$$

v_y/v_x 应等于底面的梯度，即

$$\frac{v_y}{v_x} = \frac{2\pi}{\lambda}A\cos\frac{2\pi x}{\lambda} \approx \frac{v_y}{u}$$

$$uA = C\cosh\frac{2\pi h}{\lambda} - D\sinh\frac{2\pi h}{\lambda}$$

这是一个关系，同时

在自由面上，$y = 0$，

$$v_x = u + \frac{2\pi}{\lambda}\left(-D\sin\frac{2\pi x}{\lambda}\right)$$

$$v_y = \frac{2\pi}{\lambda}\left(C\cos\frac{2\pi x}{\lambda}\right)$$

按 Bernoulli 定理

$$\cancel{p_0} + \frac{1}{2}\rho u^2 + g\cdot 0 = p_0 + \frac{1}{2}\rho(v_x^2 + v_y^2) + gB\sin\frac{2\pi x}{\lambda}$$

$$= \cancel{p_0} + \frac{1}{2}\rho u^2 - \rho u\frac{2\pi}{\lambda}D\sin\frac{2\pi x}{\lambda} + gB\sin\frac{2\pi x}{\lambda}\rho$$

（略去二次项）

因此得出

$$\rho u\frac{2\pi}{\lambda}D = gB\rho$$

由此

$$D = gB\frac{\lambda}{2\pi u}$$

同样,在自由面上,v_y/u 也应等于自由面的梯度,即

$$\frac{v_y}{u} = \frac{2\pi}{\lambda}B\cos\frac{2\pi x}{\lambda} = \frac{\dfrac{2\pi}{\lambda}C\cdot\cos\dfrac{2\pi x}{\lambda}}{u}$$

得

$$C = uB$$

$$(v_x)_{y=-h} = u - \frac{2\pi}{\lambda}\sin\frac{2\pi x}{\lambda}\left(C\sinh\frac{2\pi h}{\lambda} - D\cos\frac{2\pi h}{\lambda}\right) = 常数$$

要等于常数,必须让括弧内的值为零(x 为任意),即

$$C\sinh\frac{2\pi h}{\lambda} - D\cosh\frac{2\pi h}{\lambda} = 0$$

$$\frac{D}{C} = \tanh \frac{2\pi h}{\lambda} = \frac{gB\dfrac{\lambda}{2\pi u}}{uB}$$

$$\left(\frac{2\pi h}{\lambda}\right)\tanh\frac{2\pi h}{\lambda} = \frac{gh}{u^2}$$

$$uA = uB\cosh\frac{2\pi h}{\lambda} - gB\frac{\lambda}{2\pi u^2}\sinh\frac{2\pi h}{\lambda}$$

$$\frac{A}{B} = \cosh\frac{2\pi h}{\lambda}\left[1 - \frac{gh}{u^2}\left(\frac{\lambda}{2\pi h}\right)\tanh\frac{2\pi h}{\lambda}\right]$$

$$= \cosh\frac{2\pi h}{\lambda}\underbrace{\left(1 - \tanh^2\frac{2\pi h}{\lambda}\right)}_{\frac{1}{\cosh^2\frac{2\pi h}{\lambda}}} = \frac{1}{\cos\dfrac{2\pi h}{\lambda}}$$

由此

$$B = A\cosh\frac{2\pi h}{\lambda} \quad B \geqslant A$$

故得结论：水面上波幅一定比沙波波幅大。给出水深、流速后就可以找出波长。结果画出来如下图。

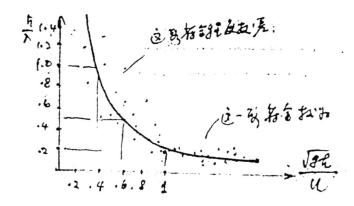

这个理论（用平均速度、忽略黏性）也是成功的。但未完全解决，只求出波长，没有求出波幅，只有相对值。

泥沙中还有一个大问题——异重流。

泄洪时希望放浑水不放清水。问题研究：流型、泄洪孔开在什么地方？现在的理论也很粗糙。计算的结果由于假设很多,与试验结果比较只有参考价值。理论上有一些工作,不拟讲了。

　　大致说来,力学工作在泥沙上还是差得很远,异重流的问题才开始研究。今天讲泥沙问题实际上还是挂羊头卖狗肉,没有讲什么问题。这方面还是值得研究的一个丰富园地。

结束语

　　水动力学过去研究还是限于潮汐、波浪、管道水流，在 25 年前，由于飞机航空的需要，解决了湍流问题，管道水流的简单问题随之解决。泥沙、水工中许多其他问题，力学工作做得很少。力学家都跑到航空领域中去了。资本主义国家水力学水平很低，在苏联不一样。当然这里面还应有重点，在一段时间内，重点多半还在天上，不在地下，在水的方面花的力量比较少些，在水工建筑中所用的工具也缺乏力学工作。工程师什么时候都用平均速度，速度分布、流场的概念不大用，但在航空中就必须用，正是因为不平均，所以产生升力，平均速度只有飞速。水工中在水轮机叶片上幸而也未遇到。现在看来有一些问题，泥沙、水轮机、管道，压力分布的问题再用平均速度解决不了问题了。故宣传一下，做这方面的工作多注意流场。最近收到水研院一封信，提出一些问题，我不能完全解决。以前提出的理论与实验不相符，就是因为平均速度不能解决问题。

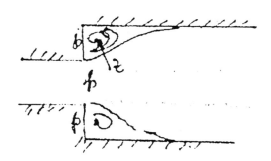

　　突然放大理论计算，变截面断面为何压力都采用同一 p？可以提为什么，但不应反对，因为试验结果符合。要理解这一点，要从速度场压力分布来看：

$$\frac{\mathrm{d}p}{\mathrm{d}z} = \rho \frac{v^2}{R}$$

压力改变，一定是这一项改变。是不是这样呢？旋涡区速度不是太大，故 v 不是太大；曲率半径不会太小，因此右端是个小项，压力从中间跑进去不应有很大变化,这是可以理解的。可是这不是说这样一个规律就可以把它一般化,说什么情况下都如此。假若放大后有自由面,是否还可以说这些点的压力是一样的? 这我不知道,要看速度分布是否一样。

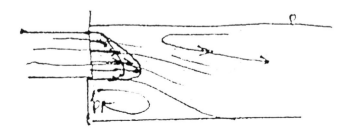

若是图中的分布,压力就不一定一样,压力在出口附近就不能是均匀的。我没有实验资料,要研究这个问题,需对出口附近的速度场进行测量,旋涡区的流型怎样? 了解了这种现象就可以推广,而不是冒冒失失地把一个结果推广到一大片现象。这种工作正是一个很典型的力学工作。要解决问题不能说书上有了,前人做过就不成问题了。第一步就是要认识现象,做有目的的试验,然后再做研究分析,时间可能很长,要碰很多钉子,直到掌握客观规律为止。

编后记

　　本书是在 2007 年 1 月出版的钱学森先生所著《水动力学讲义手稿》的基础上补加魏良琰先生的听课笔记后整理而成,故本书手稿篇的目录以钱老 2007 年审定的为准。

　　本书由两部分组成:前一部分是钱学森先生为《水动力学》课程写的讲义手稿,其中包含由刘应中先生、何友声先生这两位清华大学第一届力学研究班学员兼辅导教师对《水动力学》讲义手稿的注释与说明;后一部分为魏良琰先生的课堂笔记。两部分内容互为印证,相辅相成,共同构成一份弥足珍贵的历史与科学文献。编辑工作主要针对课堂笔记开展。

　　魏良琰先生的课堂笔记很有特色,可以说是对课堂授课内容的实录,因为有许多地方原汁原味地再现了钱老授课的语言风格,让人有身临其课堂之感,顿觉"似斯人近在,若斯人走来"。值得一提的是,听课笔记中有许多在讲义中看不到的内容,这是钱老的临场发挥,是对讲义的拓展与升华,蕴含着珍贵的治学方法与思想。编辑工作主要是在不影响钱老语言风格的前提下,做了一些规范化处理,如规范正斜体、书写格式,修正错字,在不影响句意的情况下做了些句子衔接,补全了一些不太连贯的语句等,以符合出版要求。另外,按照现行标准,为方便读者参阅,对于一些名词术语或函数形式做了页下注说明:比如反三角函数的表达 $\tan^{-1}$ 在现行标准中采用 $\arctan$,"不定常流"现行标准为"非定常流"。在维护历史原貌的前提下,编辑加工时对个别影响阅读理解之处做了删改处理,以保证逻辑通顺。通过比对讲义,编辑修正了笔记中一些过于简化的表述,以使表达前后一致、更加准确。

　　钱学森先生的讲义与魏良琰先生的听课笔记分别都是珍贵的历史资料,将两者结合起来出版,相得益彰,是极好的文献传播与保存方式,极具出版价值。作为经典学术著述,未见不符合现行出版规定的内容。